普通高等教育电子信息类"十三五"规划教材

 本科"十三五"规划教材

图文电子制作

主编 张春梅

编者 杨 荣 赵军亚 黄宝娟 李 铭

U0282406

 西安交通大学出版社
XI'AN JIAOTONG UNIVERSITY PRESS

内容简介

本书是西安交通大学工程坊开设的电子产品制作培训项目的配套教材,以开放实验课程所用课件为基础,借鉴国外同类教材的优点编写而成。

本书充分考虑本科生的认知过程和接受能力,以电子产品实际动手制作为重点,介绍电子制作的基础知识和电子制作的基本技能,包括常用工具和材料、元器件识别与应用、焊接及装配、ARM 基础,最后采用大量的实例和例证,介绍电子制作的过程,帮助学生更好地理解和学习电子制作工艺知识和操作技能,建立制作完成电子产品的系统思路。

本书除作为学生课外自主实践电子类培训课程的教材外,还适合作为电子爱好者电子制作的入门教材和学生进行电子类科技创新实践的参考书,是一本实用性较强的电子制作参考用书。

图书在版编目(CIP)数据

图文电子制作/张春梅主编.—西安:西安交通大学
出版社,2018.7(2019.7重印)
ISBN 978 - 7 - 5693 - 0548 - 7

Ⅰ.①图…　Ⅱ.①张…　Ⅲ.①电子产品-生产
工艺-图解　Ⅳ.①TN05 - 64

中国版本图书馆 CIP 数据核字(2018)第 072240 号

书　　名	图文电子制作
主　　编	张春梅
编　　者	杨　荣　赵军亚　黄宝娟　李　铭
策划编辑	李慧娜
文字编辑	季苏平
出版发行	西安交通大学出版社
	(西安市兴庆南路 1 号　邮政编码 710048)
网　　址	http://www.xjtupress.com
电　　话	(029)82668357　82667874(发行部)
	(029)82668315(总编办)
印　　刷	西安日报社印务中心
开　　本	787 mm×1092 mm　1/16　印张 10.375　字数 248 千字
版次印次	2018 年 7 月第 1 版　2019 年 7 月第 2 次印刷
书　　号	ISBN 978 - 7 - 5693 - 0548 - 7
定　　价	26.00 元

读者购书、书店添货或发现印装质量问题,请与本社营销中心联系、调换。
订购热线:(029)82665248　(029)82665249
投稿热线:(029)82665355
读者信箱:lg_book@163.com

前　言

为了改变国内高等教育中重理论、轻实践的现象,实验与实践教育环节在逐年加强,同时也在不断探索实践教育的新模式与新环节。西安交通大学工程坊学生课外实践已经形成系统的教学体系,形成先培训再实践的教学模式,为学生创新创业教育提供了良好平台。相应地,实践教学配套教材的改革就迫在眉睫,《图文电子制作》便是在当前人才培养环境下编写的实践教学教材,为学生进行电子类课外实践提供支持。

工程坊课外实践教学分为三个层次:第一层次是基础安全教育;第二层次是分工种的安全操作和设备使用培训;第三层次是基于产品或项目的完成。学生实践涉及机械、电子和人文艺术三大类,其中电子类培训课程现有 PCB 制作、声光控开关制作、功放与音响、智能家居等十余门课程,向全校本科生开放。电子类培训课程根据内容不同,每个项目计划学时为 16 学时、20 学时或 24 学时。学生在任课教师的指导下,以完成一类电子产品,如电源类、功放类等实用电子产品的焊装、调试与制作为例,训练学生常用电子元器件的识别、电路板的制作、焊接,学会使用万用表等仪表对产品电路进行测试,掌握电子产品制作的基本工艺知识和操作技能。

本教材借鉴国外教材的优点,以当前人才培养中"培养学生能力为主"为目标,侧重于提高学生动手能力,拓展学生创造性实践思维。教材编排由浅入深,引导学生进行电子类实验与实践,帮助学生建立制作完成电子产品的系统思路,吸引学生根据个人兴趣开展实践活动。教材配合基于案例的教学模式,围绕电子制作的基础知识和基本技能展开介绍。全书共 5 章,第 1 章介绍电子制作常用工具和材料,第 2 章介绍元器件识别与应用,第 3 章介绍焊接及装配,第 4 章介绍 ARM 基础,第 5 章介绍电子制作的实例,包括 PCB 快速制作、声光控开关制作、基于 ARM 的智能电子产品开发等 9 款电子制作。附录列出了常用电子元器件的封装,方便学生电子制作时查阅。

本教材的内容和文字力求简明扼要,篇幅紧凑,图文并茂,以利实用。除了满足电子制作课外培训课程教学外,还可以供学生电子制作"DIY"时自学参考。

本教材由张春梅副教授担任主编,并负责基础部分第 1～3 章和附录的编写,杨荣工程师负责基础部分第 4 章的编写,第 5 章制作实例分别由张春梅、黄宝娟、赵军亚、杨荣、李铭、孙有为、夏禹、许萍、兰永芬编写。

限于编者水平,书中难免有错误和不妥之处,恳请广大读者指正。

编　者

2018 年 3 月

目　录

第1章　常用工具及材料 ……………………………………………………… (1)

1.1　装接工具 ………………………………………………………………… (1)

1.2　焊接工具 ………………………………………………………………… (2)

1.3　焊接材料 ………………………………………………………………… (4)

1.4　万用表 …………………………………………………………………… (4)

第2章　元器件识别与应用基础 ……………………………………………… (9)

2.1　电阻器 …………………………………………………………………… (9)

2.2　电位器 …………………………………………………………………… (12)

2.3　电容器 …………………………………………………………………… (14)

2.4　电感器 …………………………………………………………………… (17)

2.5　变压器 …………………………………………………………………… (19)

2.6　晶体二极管 ……………………………………………………………… (21)

2.7　晶体三极管 ……………………………………………………………… (24)

2.8　集成电路 ………………………………………………………………… (26)

2.9　机电元件 ………………………………………………………………… (27)

2.10　印刷电路板 …………………………………………………………… (32)

第3章　焊接及装配 …………………………………………………………… (35)

3.1　焊接技术 ………………………………………………………………… (35)

3.2　元器件在印制板上的安装 ……………………………………………… (38)

第4章　ARM基础 …………………………………………………………… (44)

4.1　ARM简介 ………………………………………………………………… (44)

4.2　MDK‐ARM软件使用 …………………………………………………… (45)

第5章　制作实例 ……………………………………………………………… (53)

5.1　印刷电路板快速制作 …………………………………………………… (53)

5.2　声光控开关的制作 ……………………………………………………… (61)

5.3　充电器的制作 …………………………………………………………… (71)

5.4 微型调频收音机(SMT) ……………………………………………………………… (80)

5.5 电动卡通机器猫 ……………………………………………………………………… (92)

5.6 音频功率放大器 ……………………………………………………………………… (104)

5.7 基于 ARM 的智能家居 ……………………………………………………………… (110)

5.8 太阳能电源的制作与应用 …………………………………………………………… (121)

5.9 计算机组装 …………………………………………………………………………… (134)

附录 常用电子元件封装及标准尺寸 …………………………………………………… (146)

参考文献 ………………………………………………………………………………… (159)

第1章　常用工具及材料

1.1　装接工具

1. 尖嘴钳

尖嘴钳头部较细,用于夹小型金属零件或弯曲元器件引线,不宜用于敲打物体或夹持螺母。图1-1-1所示为几种装接常用钳。

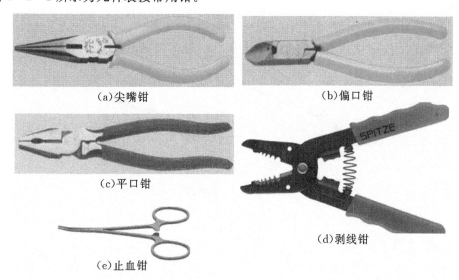

(a)尖嘴钳　　　　　　　　　　　　　　(b)偏口钳

(c)平口钳

(d)剥线钳

(e)止血钳

图1-1-1　几种装接常用钳

2. 偏口钳

偏口钳用于剪切细小的导线及焊后的线头,也可与尖嘴钳合用剥导线的绝缘皮。

3. 平口钳

平口钳头部较平宽,适用于重型作业,如螺母、紧固件的装配操作,夹持和折断金属薄板及金属丝。

4. 剥线钳

剥线钳专用于剥有包皮的导线。使用时注意将需剥皮的导线放入合适的槽口,剥皮时不能剪断导线。剪口的槽并拢后应为圆形。

5. 止血钳

止血钳主要用来夹持物体,尤其在焊接不易固定的元器件和拆卸电路板上的元器件时更能显示出其突出的优越性。

6. 镊子

电子装接常用镊子为尖嘴镊子和圆嘴镊子,如图1-2-1所示。尖嘴镊子用于夹持较细的导线;圆嘴镊子用于弯曲元器件引线和夹持元器件焊接等。用镊子夹持元器件焊接还起散热作用。

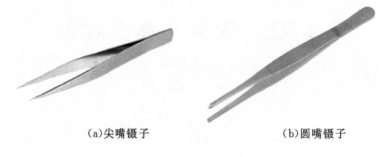

(a)尖嘴镊子　　　　　　(b)圆嘴镊子

图 1-1-2　镊子

7. 螺丝刀

　　螺丝刀又称起子、改锥,有"一"字式和"十"字式两种,如图 1-1-3 所示。螺丝刀用于拧螺钉。根据螺钉大小,可选用不同规格的螺丝刀。在拧时,注意不要用力太猛,以免螺钉滑口。

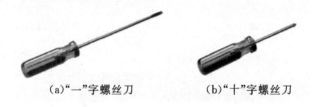

(a)"一"字螺丝刀　　　　(b)"十"字螺丝刀

图 1-1-3　螺丝刀

1.2　焊接工具

1. 电烙铁

　　电烙铁主要用途是焊接元件及导线,图 1-2-1 所示为几种常用电烙铁。由于用途、结构不同,有各式各样的烙铁,按功能可分为单用式、两用式、调温式等。最常用的是直热式,它又可分为内热式电烙铁和外热式,其内部结构如图 1-2-2 所示。根据用途不同,电烙铁又分为大功率电烙铁和小功率电烙铁。一般根据焊件大小与性质选择烙铁的功率和类型,可根据表 1-2-1选用电烙铁。

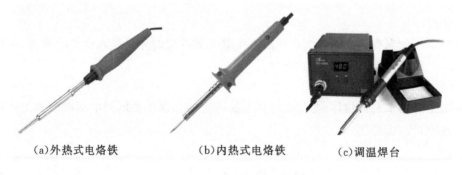

(a)外热式电烙铁　　　　(b)内热式电烙铁　　　　(c)调温焊台

图 1-2-1　几种常用电烙铁

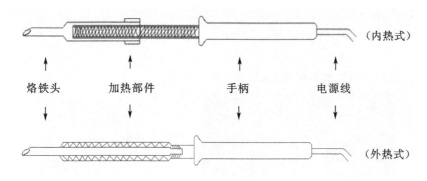

图 1-2-2　电烙铁内部结构

表 1-2-1　电烙铁选用表

焊件及工作性质	选用烙铁	烙铁头温度/℃ （室温,220 V 电压）
一般印制电路板	20 W 内热式 30 W 外热式、恒温式	300～400
集成电路	20 W 内热式、恒温式、储能式	
焊片、电位器、2～8 W 电阻、 大电解电容	35～50 W 内热式、恒温式 50～70 W 外热式	350～450
8 W 以上大电阻 引线直径大于 2 mm 的大元器件	100 W 内热式 150～200 W 外热式	400～550
汇流排、金属板等	300 W 外热式	500～630
维修、调试一般电子产品	20 W 内热式、恒温式、感应式、 储能式、两用式	＜300

2. 拆焊工具

电气维修时常用吸锡器、吸锡电烙铁和热风枪拆卸电子元件,收集拆卸焊盘电子元件时融化的焊锡,如图 1-2-3 所示。集成电路可用热风枪拆卸,大规模集成电路更为难拆,拆不好容易破坏印制电路板。

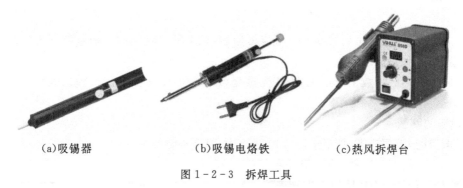

（a）吸锡器　　　　（b）吸锡电烙铁　　　　（c）热风拆焊台

图 1-2-3　拆焊工具

1.3 焊接材料

常用焊接材料有助焊剂和焊锡,如图 1-3-1 所示。

(a)松香 (b)焊锡丝

图 1-3-1 常用焊接材料

1. 助焊剂

由于金属表面同空气接触后都会生成一层氧化膜,从而阻止焊锡对金属的润湿作用。助焊剂用来清除被焊件表面的氧化物,防止焊接时表面再次氧化,降低焊料表面张力,从而提高焊接性能。通常使用松香和松香酒精溶液作为助焊剂。

2. 焊锡

焊接中使用熔点低于被焊金属,在融化时能在被焊金属表面形成合金,将被焊金属连接在一起焊锡的材料,称为焊料。传统的焊料是铅锡合金,锡、铅比例为 3:2,熔点 190 ℃ 左右。

手工焊接中常用焊锡丝作为焊料。焊锡丝有两种:一种是将焊锡做成管状,管内填有松香,称松香焊锡丝,使用这种焊锡丝焊接时可不加助焊剂;另一种是无松香的焊锡丝,焊接时要加助焊剂。焊锡丝直径(mm)有 0.5、0.8、0.9、1.0、1.2、1.5、2.0、2.3、2.5、3.0、4.0、5.0,还有扁带状、球状、饼状等成型材料。

由于环保要求,无铅焊锡正得到推广。无铅焊锡一般含有锡、银或铜等金属元素,其含铅量欧盟 ROHS 标准是小于 1000 ppm,日本标准是小于 500 ppm。常规环保无铅焊锡类的熔点在 225～235℃之间。

1.4 万用表

电子产品制作中,常用到的检测仪表有万用表、试电笔、稳压电源、函数信号发生器和示波器,其中最常用到的是万用表。

目前广泛使用的是数字万用表,用于测量交直流电压、交直流电流、电阻、电容、二极管、三极管等。

1. 电阻的测量

测量电阻时,万用表调试如图 1-4-1 所示。测量步骤如下:

(1)红表笔插在"VΩ"孔;黑表笔插在"COM"孔。

(2)将挡位旋转至"Ω"挡的适当量程。

图 1-4-1 电阻的测量

（3）分别用红黑表笔接到电阻两端的金属部分。

（4）电阻值即为显示屏上的数据，单位采用"单位一致性原则"，即与所选挡位的单位一致。例如，选择"200 kΩ"，数字显示 26.6，则电阻为 26.6 kΩ；如选择"20 MΩ"，数字显示 1.53，则电阻为 1.53 MΩ。

注意：

（1）不能用两手同时捏住电阻两端，以免将人体电阻并联进测量值。

（2）若被测电阻超出所选择的量程，将显示过量程"1"，应该选择更大的量程。

（3）若选择过大挡位，则会导致测量不准确。如标注 1.55 MΩ 的电阻，用"20 MΩ"挡位测，为 1.5 MΩ；若用过大的"200 MΩ"的量程测，则为 2.5 MΩ。

（4）如果被测电阻在电路板上，则应焊开其中一脚，将其从电路板脱开方可测试；否则，若电阻有其他分流器件，读数不正确。

2. 交直流电压的测量

测量交直流电压时，万用表调试如图 1-4-2 所示。测量步骤如下：

图 1-4-2 测电压

（1）红表笔插入"VΩ"孔，黑表笔插入"COM"孔。

（2）将挡位旋转到"V－"（直流）或"V～"（交流）适当位置。

（3）显示屏上显示的数据即为电压值，单位与所选量程单位一致，以下均采用此原则。

注意：

（1）把旋钮旋到比估计值大的量程挡（注意：直流挡是"V－"，交流挡是"V～"），接着把表笔接电源或电池两端；保持接触稳定。

（2）若显示为"1"，则表明量程太小，那么就要加大量程后再测量。

（3）若在数值左边出现负号"－"，则表明表笔极性与实际电源极性相反，此时红表笔接的是负极。

3. 交直流电流的测量

测量交直流电流时，万用表调试如图1-4-3所示。测量步骤如下：

（1）断开电路。

（2）黑表笔插入"COM"孔，红表笔插入"mA"或者"20 A"孔。

（3）将挡位旋转至"A～"（交流）或"A－"（直流），并选择合适的量程。

（4）断开被测线路，将数字万用表串联入被测线路，被测线路中电流从一端流入红表笔，经万用表黑表笔流出，再流入被测线路中。

（5）接通电路。

（6）读出显示屏数字。

图1-4-3　测电流

注意：

（1）估计电路中电流的大小。若测量大于200 mA的电流，则要将红表笔插入"20 A"插孔并将挡位旋转到直流"20 A"挡；若测量小于200 mA的电流，则将红表笔插入"200 mA"插孔，将挡位旋转到直流200 mA以内的合适量程。

（2）电流测量完毕后，应将红表笔插回"VΩ"孔。若忘记这一步而直接测电压，用户的表或电源会烧毁！

（3）如果使用前不知道被测电流范围，将开关置于最大量程并逐渐调小。

（4）如果显示屏只显示"1"，表示过量程，功能开关应置于更高量程。

（5）"200 mA"量程表示最大输入电流为 200 mA，若电流过大，将烧坏保险丝。"20 A"量程无保险丝保护，测量时不能超过 15 s。

4．电容的测量

测量电容时，万用表调试如图 1-4-4 所示。测量步骤如下：

（1）测量前先将电容两端短接，对电容进行放电。

（2）将挡位旋转至电容"C"测量挡，并选择合适的量程。

（3）将电容插入万用表"CX"插孔。

（4）读出显示屏上数字。

图 1-4-4　测电容

注意：

（1）电容在测量前后都应放电，否则容易损坏万用表，埋下安全隐患。

（2）仪器本身已对电容挡设置了保护，在电容测试过程中不用考虑极性及电容充放电等情况。

（3）测量电容时，将电容插入专用的电容测试座中（不要插入表笔插孔"COM"、"VΩ"）。

（4）测量大电容时，稳定读数需要一定的时间。

5．二极管的测量

测量二极管时，万用表调试如图 1-4-5 所示。测量步骤如下：

图 1-4-5　测二极管

(1)红表笔插入"VΩ"孔,黑表笔插入"COM"孔。

(2)将挡位旋转至"——▷┃——"挡。

(3)红表笔接二极管一端,黑表笔接二极管另一端。

(4)读出显示屏上电阻数据。

(5)两表笔换位,若显示屏上为"1",读出电阻数值时的红表笔接的是二极管阳极,黑表笔接的是阴极。

(6)若相反,则说明红表笔为二极管负极,黑表笔为二极管正极。

6. 数字万用表注意事项

(1)如果无法预先估计被测电压或电流的大小,则应先拨至最高量程挡测量一次,再视情况逐渐把量程减小到合适位置。测量完毕,应将量程开关拨到最高电压挡,并关闭电源。

(2)满量程时,仪表仅在最高位显示数字"1",其他位均消失,这时应选择更高的量程。

(3)测量电压时,应将数字万用表与被测电路并联;测电流时,应与被测电路串联。

(4)当误用交流电压挡去测量直流电压,或者误用直流电压挡去测量交流电压时,显示屏将显示"000",或低位上的数字出现跳动。

(5)禁止在测量高电压(220 V以上)或大电流(0.5 A以上)时换量程,以防止产生电弧,烧毁开关触点。

(6)当万用表的电池电量即将耗尽时,显示屏左上角有电池符号显示电池电量低,此时电量不足,若仍进行测量,测量值会比实际值偏高。

第 2 章　元器件识别与应用基础

各种常用电器上都普遍采用的元器件称为通用元器件,主要有电阻、电容、电感、变压器、晶体二极管、晶体三极管、集成电路、扬声器等。除此之外,各种家用电器还有一些专用的元器件。

2.1　电阻器

2.1.1　电阻器的基本概念

导电体对电流的阻碍作用称为电阻,具有电阻特性的元件又叫电阻器,几种电阻器如图 2-1-1 所示。电阻在电路中常用作分压、限流、分流和向各种电子元件提供必要的工作条件(电压或电流)等用途。电阻的常用单位为欧姆(Ω)、千欧(kΩ)和兆欧(MΩ)。

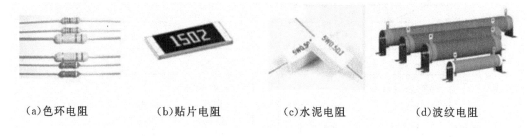

　(a)色环电阻　　　　　(b)贴片电阻　　　　　(c)水泥电阻　　　　　(d)波纹电阻

图 2-1-1　几种电阻器

在电子电路中,常用的电阻器有固定式电阻器和电位器。按制作材料和工艺不同,固定式电阻器可分为膜式电阻(碳膜 RT、金属膜 RJ、合成膜 RH 和氧化膜 RY)、实芯电阻(有机 RS 和无机 RN)、金属线绕电阻(RX)、特殊电阻(MG 型光敏电阻、MF 型热敏电阻、熔断电阻器等)四种。

几种常见电阻实物及在电路中的符号,如表 2-1-1 所示。

表 2-1-1　常见电阻实物及在电路中的符号

名　　称	固定电阻	可调电阻	电位器	热敏电阻
实物				
图形符号				

电阻的大小和材料及形状有关。

$$R = \rho \frac{L}{A}$$

式中，ρ 为电阻材料的电阻率（$\Omega \cdot cm$）；L 为电阻体的长度（cm）；A 为电阻体的截面积（cm^2）。

在电路中，电阻和其上电压、电流的关系为

$$R = U/I$$

电阻消耗的功率为

$$P = UI = I^2 R = U^2/R$$

电子制作中，选用电阻器时主要关心的是电阻值和功率。

2.1.2　电阻器的型号命名方法

国产电阻器的型号由主称、材料、分类和序号四部分组成，如图 2-1-2。

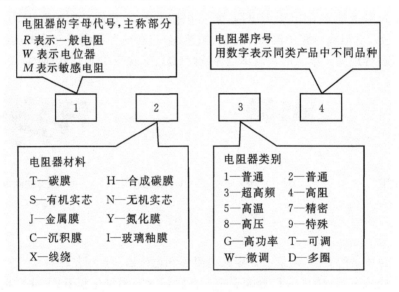

图 2-1-2　电阻器的型号命名方法

2.1.3　电阻器的阻值

1. 色环电阻

常用的大电阻，其阻值大小直接标在电阻上，即直标法。小电阻往往以色环进行标识，单位默认欧姆，阻值和色环的关系如图 2-1-3 所示。常见的是四环电阻和五环电阻。

四环电阻第 1、2 位为有效数字，第 3 位为乘数，即有效数字后补 0 的个数，第 4 位为误差。五环电阻比四环电阻多一位有效数字，第 1~3 为有效数字，第 4 位为乘数，第 5 位为误差，误差环与前面色环距离较大。

例如，图中四环电阻"红红黑金"，表示电阻值为 $22(1\pm5\%)\Omega$；五环电阻"黄紫黑橙棕"，表示电阻值为 $470(1\pm2\%)k\Omega$。

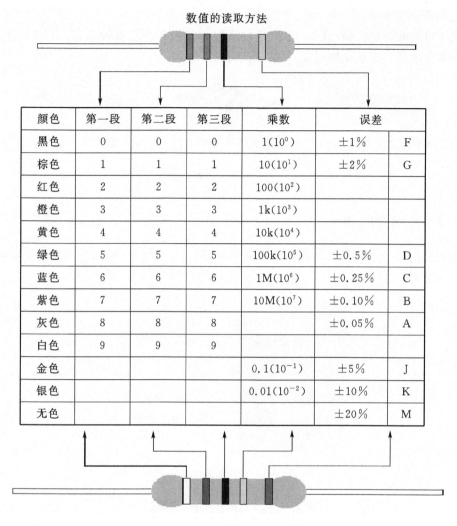

数值的读取方法

颜色	第一段	第二段	第三段	乘数	误差	
黑色	0	0	0	$1(10^0)$	±1%	F
棕色	1	1	1	$10(10^1)$	±2%	G
红色	2	2	2	$100(10^2)$		
橙色	3	3	3	$1k(10^3)$		
黄色	4	4	4	$10k(10^4)$		
绿色	5	5	5	$100k(10^5)$	±0.5%	D
蓝色	6	6	6	$1M(10^6)$	±0.25%	C
紫色	7	7	7	$10M(10^7)$	±0.10%	B
灰色	8	8	8		±0.05%	A
白色	9	9	9			
金色				$0.1(10^{-1})$	±5%	J
银色				$0.01(10^{-2})$	±10%	K
无色					±20%	M

图 2-1-3　电阻色环对照表

2. 贴片电阻

贴片电阻体积小,不便于直接标识。常见的有数码表示法和文字符号表示法两种标识法。

1)数码表示法

用三位或四位数码表示电阻值,一般±5%精度的常规用三位数来表示,±1%的电阻常规多数用四位数表示。三位数字从左到右第 1、2 位为有效值,第 3 位为乘数,单位为欧姆。四位数字表示的前 3 位是表示有效数字,第 4 位表示乘数。示例如图 2-1-4 所示。

(a)阻值:$39×10^1=390$ Ω　　(b)阻值:$10×10^3=10$ kΩ　　(c)阻值:$150×10^2=15$ kΩ

图 2-1-4　贴片电阻数码表示法示例

2)文字符号表示法

用文字符号和数字标识电阻。用 R 代表单位为欧姆和小数点的位置,用 M 代表单位为毫欧和小数点的位置。示例如图 2-1-5 所示。

　　阻值:0.003 Ω＝3 mΩ　　　　　阻值:2.0 Ω＝2 Ω　　　　　阻值:3.5 mΩ

图 2-1-5　贴片电阻符号表示法

2.1.4　电阻器的功率

电阻的额定功率用阿拉伯数字直接标注,如图 2-1-6 所示;或用符号标在电阻表面,如表 2-1-2 所示。

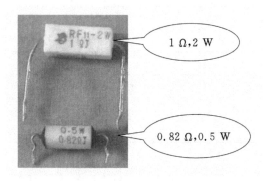

1 Ω,2 W

0.82 Ω,0.5 W

图 2-1-6　直接标注法

表 2-1-2　电阻符号法功率标识

功率标识	功率值	功率标识	功率值
	1/8 W		2 W
	1/4 W		3 W
	1/2 W		5 W
	1 W		10 W

2.2　电位器

2.2.1　电位器的基本概念

电位器也叫可调电阻,是一种可连续调节的可变电阻器,常见电位器如图 2-2-1 所示。

除特殊情况外,电位器一般有 3 个引出端,2 个固定端 A、B 和 1 个活动端 C,如图 2-2-2 所示。活动端为电刷,电刷在电阻体上滑动,活动端与固定端之间,即 A、C 或 B、C 间获得与电刷位移成一定比例的电阻值。

图 2-2-1　电位器

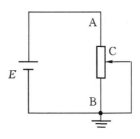

图 2-2-2　电阻调节示意

2.2.2　电位器的型号命名方法

根据国标规定,电位器型号命名由四部分构成,如图 2-2-3 所示。

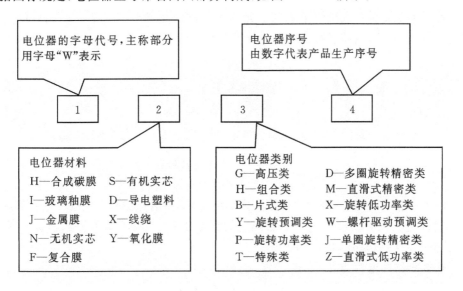

图 2-2-3　电位器型号命名方法

例如，WXJ2 表示单圈旋转精密类线绕电位器。

2.2.3　电位器的识别

电位器参数的标注一般采用直标法、文字符号法或数码表示法。前两种一般用于体积较大的电位器上，而后一种一般用于体积较小的电位器上，阻值识别同电阻，如图 2-2-4 所示。

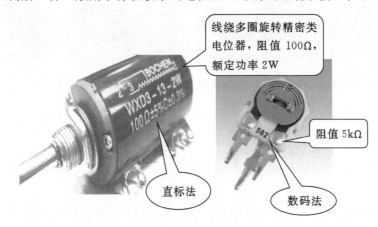

图 2-2-4　电位器参数的标注举例

2.3　电容器

2.3.1　基本概念

电容器是电子设备中大量使用的电子元件之一，简称电容，用 C 表示。电容广泛应用于隔直、耦合、旁路、滤波、调谐、能量转换、控制等电路方面。图 2-3-1 所示为几种常见电容。

图 2-3-1　几种电容器

电容的大小为 $C=Q/U$，Q 为电容器充入的电量，U 为电容器两端电压。电容量的单位是法拉（F），简称法。通常法的单位太大，常用它的百万分之一作单位，称为微法（μF），更小的单位是皮法（pF），$1F=10^6\mu F$，$1\mu F=10^6 pF$。

平行板电容器的电容为

$$C=\varepsilon S/(4\pi kd)$$

其中，ε 为介电常数，真空时 $\varepsilon=1$；k 为静电力常量；S 为两板正对面积；d 为两板间距离。

常见的平行板电容器电容为

$$C = \varepsilon S / d$$

从式中可知,平行板电容的大小与极板相对面积成正比,与平板间距离成反比,还与极板间材料有关。

电路中,流过电容的电流和电容两端电的关系为

$$i_C = \frac{\mathrm{d}u_C}{\mathrm{d}t}$$

电容对交流的阻碍作用的大小用容抗 X_C 表示,即

$$X_C = \frac{1}{2\pi f C}$$

式中,f 为交流信号的频率。随着频率的增高,电容器的阻碍作用减小。在实际应用中,电容具有通交流,隔直流;通高频,阻低频的作用。

2.3.2　电容器的命名

国产电容器的型号一般由四部分组成(不适用于压敏、可变、真空电容器),依次分别代表名称、材料、分类和序号,详见图 2-3-2。

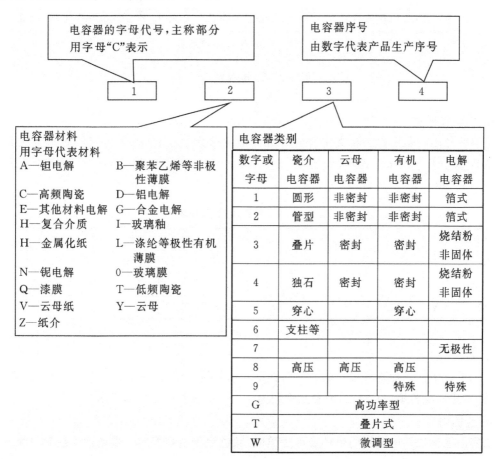

数字或字母	瓷介电容器	云母电容器	有机电容器	电解电容器
1	圆形	非密封	非密封	箔式
2	管型	非密封	非密封	箔式
3	叠片	密封	密封	烧结粉非固体
4	独石	密封	密封	烧结粉非固体
5	穿心		穿心	
6	支柱等			
7				无极性
8	高压	高压	高压	
9			特殊	特殊
G	高功率型			
T	叠片式			
W	微调型			

图 2-3-2　电位器型号命名方法

2.3.3　电容器的标识

电解电容的电容值一般直接用数字和单位符号标出,有正负极,现在新出厂的电容长脚为正极,短脚为负极,电容体上灰白色条标着"—",对应管脚为负极,如图2-3-3(a)所示。这种电容器在使用中要求正极引脚接电路中的高电位,负极接低电位。

体积小的电容如瓷片电容,本身没有正负极,大小多采用数码表示法,也有用类似电阻的色码表示法。电容的标注常用四种方法,有直标法、文字符号法、数码法和色标法。

1. 直标法

直标法就是在电容器上用数字和单位符号直接标出电容量和耐压值,如图2-3-3(a)所示。

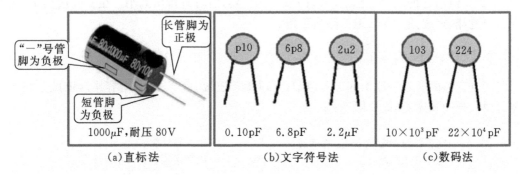

图 2-3-3　电容器标识

2. 文字符号法

文字符号法就是用数字和文字符号有规律的组合来表示容量,和电阻的表示方法相同。其单位为 pF、nF、μF、mF、F 等,如图2-3-3(b)所示。其允许偏差和耐压用字母表示,如表2-3-1所示。

表 2-3-1　电容偏差、耐压表

误差字母	B	C	D	F	G	J	K	M			
偏　差	±0.1pF	±0.2pF	±0.5pF	±1%	±2%	±5%	±10%	±20%			
耐压字母	e	G	j	A	C	D	E	V	H	J	K
耐压值	2.5 V	4 V	6.3 V	10 V	16 V	20 V	25 V	35 V	50 V	63 V	80 V

3. 数码法

用三位数字标识标称容量,默认单位是 pF。和电阻一样,前两位数字表示有效值,第三位为乘数,特殊情况若第三位为9,则表示乘数为 10^{-1},如图2-3-3(c)所示。

4. 色标法

电容的色标法与电阻器的色环表示法类似,颜色涂于电容器的一端或从顶端向引线排列。色码一般只有三种颜色,前两环为有效数字,第三环为乘数,单位为 pF。电容器色标法不常用,这里不多作介绍。

使用时要特别注意电容两端电压不能超过耐压值,电解电容的正负极不能接反。

2.4　电感器

2.4.1　基本概念

电感器也叫电感线圈,是一种非线性元件,可以存储磁能,具有通直流、阻交流的作用,如图 2-4-1 所示。电感器在电路中常用作 LC 滤波器、LC 振荡、变压器、继电器、调谐、补偿和偏转等,按电路中的作用分为自感线圈和变压器。

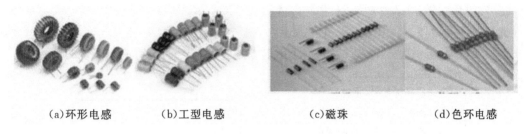

(a)环形电感　　　　(b)工型电感　　　　(c)磁珠　　　　(d)色环电感

图 2-4-1　几种常见电感器

电感器在电路中用符号 L 表示,电路中图形符号如表 2-4-1 所示。

表 2-4-1　电感器图形符号

图形符号	⌒⌒⌒	⌒⌒⌒	⌒⌒⌒
名称与说明	电感器、线圈、绕组或扼流圈	带磁芯、铁芯的电感器	带磁芯连续可调的电感器

电感器的主要参数是电感量,单位是亨利,用 H 表示,常用的有毫亨(mH)、微亨(μH)、纳亨(nH),单位间换算关系为

$$1\ \mathrm{H} = 10^3\ \mathrm{mH} = 10^6\ \mu\mathrm{H} = 10^9\ \mathrm{nH}$$

在没有非线性导体物质存在的条件下,一个载流线圈的磁通 Ψ 与线圈中的电流 I 成正比,其比例常数称为自感系数,用 L 表示,简称电感,即

$$L = \Psi / I$$

L 的大小和线圈中铁芯材质、形状、尺寸、绕线的圈数及线圈的形状有关:

$$L = A_L \cdot N^2$$

式中,A_L 为电感系数,N 为绕线圈数。

电路中,电感两端的电压和流过线圈的电流的变化成正比,即

$$u = L \frac{\mathrm{d}i}{\mathrm{d}t}$$

电感对交流的阻碍作用的大小用容抗 X_L 表示,即

$$X_L = 2\pi f L$$

式中，f 为交流信号的频率。随着频率的增高，电感器的阻碍作用增大。在实际应用中，电感具有通直流、隔交流，通低频、阻高频的作用。

2.4.2　电感的分类和命名

将电感按照电感形式、工作性质、结构等进行分类。

（1）按电感形式，分为固定电感、可变电感。

（2）按导磁体性质，分为空芯线圈、铁氧体线圈、铁芯线圈、铜芯线圈。

（3）按工作性质，分为天线线圈、振荡线圈、扼流线圈、陷波线圈、偏转线圈。

（4）按绕线结构，分为单层线圈、多层线圈、蜂房式线圈。

（5）按工作频率，分为高频线圈、低频线圈。

电感元件的型号一般由 4 部分组成，如图 2 - 4 - 2 所示，例如，LGX 表示小型高频电感线圈。要说明的是，目前固定电感线圈的型号命名方法各生产厂有所不同，尚无统一的标准。

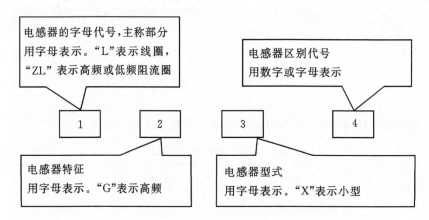

图 2 - 4 - 2　电位器型号命名

2.4.3　电感线圈的主要特性参数

电感线圈的主要特性参数除电感量 L 和感抗 X_L 外，还有品质因数 Q 和分布电容。

1. 品质因素 Q

品质因素 Q 是表示线圈质量的一个物理量，Q 为感抗 X_L 与其等效的电阻的比值，即

$$Q = X_L / R$$

线圈的 Q 值愈高，回路的损耗愈小。线圈的 Q 值与导线的直流电阻、骨架的介质损耗、屏蔽罩或铁芯引起的损耗，高频趋肤效应的影响等因素有关。线圈的 Q 值通常为几十到几百。

2. 分布电容

线圈的匝与匝间、线圈与屏蔽罩间、线圈与底板间存在的电容被称为分布电容。分布电容的存在使线圈的 Q 值减小，稳定性变差，因而线圈的分布电容越小越好。

2.4.4　电感器的标识

电感器与电阻、电容的标识类似，有直标法、文字符号法、数码法和色标法，数码法和色标

法单位默认 μH,这里不再赘述。示例如图 2 - 4 - 3。

65μH　　　220μH　　　4.7μH,偏差±20%　　　0.33μH,偏差±5%　　　4.7μH,偏差±10%

图 2 - 4 - 3　电感器识别示例

2.5　变压器

2.5.1　基本概念

变压器也是一种电感器,利用两个电感线圈的互感作用,把一种交流电能变成频率相同的另一种交流电能,在电路中起隔离、电压变换、阻抗变换等作用。电源变压器如图 2 - 5 - 1(a)所示。

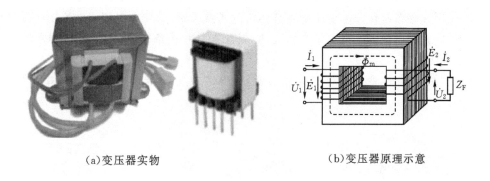

(a)变压器实物　　　　　　　　　　(b)变压器原理示意

图 2 - 5 - 1　电源变压器

变压器的电路符号如表 2 - 5 - 1 所示。

表 2 - 5 - 1　变压器图形符号

图形符号	⌇⌇⌇	⌇⌇⌇	⌇⌇⌇
名称与说明	双绕组变压器	绕组间有屏蔽的双绕组变压器	有抽头的变压器

变压器的基本结构是由套在闭合铁芯上的原、副两个线圈组成,基本原理如图 2-5-1 (b)所示。变压器两组线圈圈数分别为 N_1 和 N_2,N_1 为初级,N_2 为次级。在初级线圈上加一交流电压,在次级线圈两端就会产生感应电动势。对于理想变压器,初级、次级电压和线圈圈数间具有下列关系:

(1)电压关系:

$$\frac{U_1}{U_2} = \frac{N_1}{N_2}$$

(2)电流关系

$$\frac{I_1}{I_2} = \frac{N_2}{N_1}$$

(3)功率关系:

$$P_1 = P_2$$

当 $N_1 > N_2$ 时,$U_1 > U_2$,为降压变压器;反之,则为升压变压器。

2.5.2 变压器的种类和型号命名

变压器的种类很多,根据用途、工作频率等有不同的分类。

按工作频率的不同,变压器可分为低频变压器、中频变压器、高频变压器和脉冲变压器。

按照用途,变压器可分为电力变压器、仪用互感器、电路变压器、自耦变压器和电焊变压器。其中,仪用互感器是保证电能系统安全运行的重要设备,其二次电压或电流用于测量仪器或继电保护自动装置,使二次设备与高压隔离,保证人身和设备安全;自耦变压器常用于实验室或工业上调压。

按照铁芯结构形式,变压器可分为壳式变压器、芯式变压器、C 型变压器,如图 2-5-2 所示。

　(a)壳式铁芯　　　　　　　(b)芯式铁芯　　　　　　　(c)C 型变压器

图 2-5-2　变压器铁芯结构形式

壳式变压器常用于小型变压器、大电流的特殊变压器,如电炉变压器、电焊变压器;或用于电子仪器及电视、收音机等的电源电压器。芯式变压器用于大、中型变压器,高压的电力变压器;C 型变压器常用于电子技术中的变压器,例如电流互感器、电压互感器等。

按冷却方式,变压器分为油浸式变压器、风冷式变压器、自冷式变压器、干式变压器。

如图 2-5-3 所示给出一种低频变压器的命名,例如 DB-50-2 表示 50 V·A 的电源变压器。

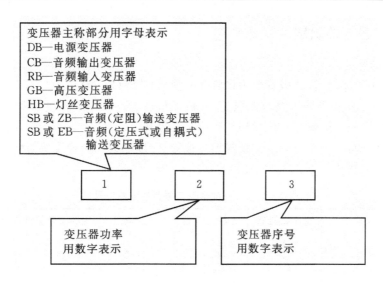

图 2-5-3　变压器型号命名

2.5.3　电源变压器的特性参数

电源变压器的特性参数主要有工作频率、额定功率、额定电压、电压比、空载电流、空载损耗、绝缘电阻等。音频变压器和高频变压器特性参数有频率响应,通频带,初、次级阻抗比等,使用时要注意参数是否符合要求。

2.6　晶体二极管

2.6.1　基本概念

电子器件的类型很多,目前使用得最广泛的是半导体器件——二极管、稳压管、三极管、绝缘栅场效应管等。半导体二极管就是由一个 PN 结加上相应的电极引线及管壳封装而成的。由 P 区引出的电极称为阳极,N 区引出的电极称为阴极。因为 PN 结的单向导电性和正向导通后,压降基本保持不变的特性,二极管广泛用于整流、隔离、稳压、极性保护、检测等。

不同材料或用途的二极管,具有不同的管压降,如表 2-6-1 所示。

表 2-6-1　二极管的管压降

名　称	正向管压降典型值
硅二极管(不发光类型)	0.7 V
锗二极管	0.3 V
红色发光二极管	1.8 V
黄色发光二极管	2.1 V
绿色发光二极管	2.1 V

2.6.2　二极管的识别

1．二极管的分类

(1)按管芯半导体材料,二极管分为锗管(Ge 管)和硅管(Si 管)。

(2)按用途,二极管可分为整流二极管、检波二极管、开关二极管、变容二极管、稳压二极管、阻尼二极管、发光二极管、光电二极管、肖特基二极管等。

(3)按管芯结构,二极管可分为点接触型二极管、面接触型二极管及平面型二极管。

常见二极管电路符号见表 2-6-2。

表 2-6-2　几种常见二极管的电路符号

名　称	二极管	稳压二极管	光敏二极管	发光二极管	变容二极管	双向触发二极管
电路符号	▽	▽	▽	▽	▽	▽▽
表示符号	D	ZD,D	D	LED	D	D

2．二极管的耐压和正负极

一般整流二极管、稳压二极管使用时要特别注意二极管的耐压和方向。整流二极管和稳压二极管标有灰白条的一端为负极,另一端即为正极,如图 2-6-1 所示。对于发光二极管,引脚长的为正极,短的为负极。如果引脚被剪得一样长了,发光二极管管体内部金属极较小的是正极,大片状的是负极。使用前最好用万用表测试一下。

图 2-6-1　二极管的正负极

常见 IN4000 系列整流二极管,最大额定正向整流电流为 1 A,耐压如表 2-6-3 所示。

表 2-6-3　IN4000 系列整流二极管的耐压

型　号	IN4001	IN4002	IN4003	IN4004	IN4005	IN4006	IN4007
反向击穿电压/V	50	100	200	400	600	800	1000

3．色环稳压二极管稳压值的识别

前两环为有效数字,最后一位是小数点位数。如图 2-6-2 中所示的"绿棕棕",51×10^{-1},即 5.1 V。通常色环稳压二极管都只取一位小数,即为棕色。

图 2-6-2　稳压值识别

4. LED 发光二极管的限流保护

LED 发光二极管常在电子制作中指示工作状态,如电源开关,或用几盏灯指示电量的多少。发光二极管接在电路中要注意由于本身内阻很小,必须加合适的限流电阻。常见接线方式如图 2-6-3 所示,发光二极管正常发光时的额定电流约为 20 mA。

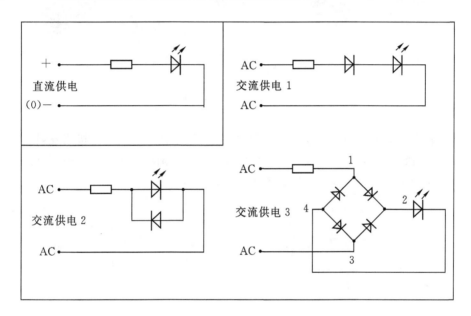

图 2-6-3　LED 四种常用接线方式

限流电阻计算:

$$R = \frac{V - \text{LED 压降}}{\text{设计电流}}$$

例如 5 V 的白色 LED,电流为 10 mA,则

$$R = \frac{5 - 3.3}{0.01} = 170 \ \Omega$$

取 180 Ω 标准值。

可以简单处理为:当 1 个 LED 接在电压超过 10 V 的电源上时,电阻可以选用 100 倍电源电压数值。比如 12 V 时可以用 1200 Ω(1.2 kΩ)左右电阻,24 V 时用 2400 Ω(2.4 kΩ)左右电阻。

对于交流电来说最好能给 LED 加反向保护或者整流。比如高亮 LED 承受反压冲击能力很弱,不加保护很容易损坏。

2.7　晶体三极管

2.7.1　基本概念

晶体三极管简称三极管,如图 2-7-1 所示,在电子电路中广泛用于放大、开关、调节、隔离,是放大电路的核心元件和理想的开关元器件。

(a)塑料小功率管　(b)片状三极管　(c)金封小功率管　(d)金封大功率管　(e)塑封大功率管

图 2-7-1　几种常见三极管

晶体三极管的结构为三区三极两结:三区指发射区、基区、集电区;三极指发射极、基极、集电极;两结指发射结、集电结。晶体三极管有 PNP 和 NPN 两种,NPN 型三极管电流流向发射极,PNP 型三极管电流从发射极流出,如图 2-7-2 所示。

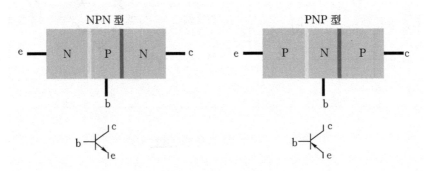

图 2-7-2　晶体三极管的结构

双极型三极管有三个电极。两个输入两个输出,必定有一个电极是公共电极,有共发射极、共基极、共集电极三种组态,如图 2-7-3 所示。

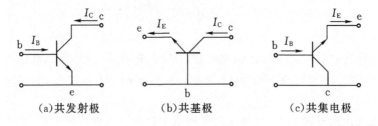

(a)共发射极　　　　(b)共基极　　　　(c)共集电极

图 2-7-3　三极管的三种组态

对 NPN 管,共射极放大电路(见图 2-7-4),发射极电流与基极电流和集电极电流存在以下关系:

$$I_E = I_B + I_C, \quad \beta = I_C / I_B$$

其中,β 为电流放大系数,它只与管子的结构尺寸和掺杂浓度有关,与外加电压无关。

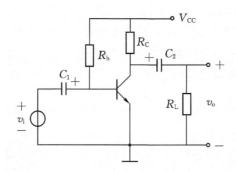

图 2-7-4　三极管共射极放大电路

2.7.2　三极管的分类

按照材料、功率等不同,三极管有不同的分类。

(1)按内部结构,三极管分为 NPN 型和 PNP 型。

(2)按管芯半导体材料,三极管分为锗管、硅管。

(3)按工作频率,三极管分为低频管(<3 MHz)、中频管(3~30 MHz)、高频管(>30 MHz)和超高频三极管(>300 MHz)。

(4)按最大集电极允许耗散功率,三极管分为小功率管(<1 W)、中功率管(1~10 W)和大功率管(>10 W)。

(5)按结构工艺,三极管分为合金管和平面管。

(6)按用途,三极管可分为放大管和开关管。

2.7.3　三极管的识别

三极管电路中的符号是"V"或"VT""或"Q",有 e、b、c 三个引脚,中小功率金属封装三极管小凸片处的引脚为 e 极,顺时针依次为 b、c。图 2-7-5 给出几种常见三极管的外形和引脚排列。功率金属封装三极管,其管壳为集电极。

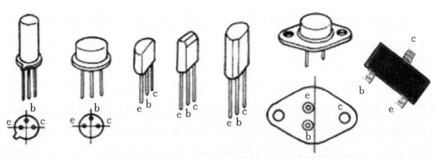

图 2-7-5　给出几种常见三极管的外形和引脚排列

2.8 集成电路

2.8.1 基本概念

集成电路就是将一个或多个成熟的单元电路做在一块硅材料的半导体芯片上,再从这块芯片上引出几个引脚,作为电路供电和外界信号的通道。我们把这种在一个外壳中封装入单元电路,作为一个具有一定电路功能的器件来使用的电子元件,叫做集成电路。图2-8-1所示为几种集成电路。

图 2-8-1　几种集成电路

集成电路在电路中通常用字母"IC"表示。由于集成电路形式千变万化,所以它没有固定的电路符号,通常人们画出一个方框、三角形或圆圈代表,从上面引出几个管脚并注明管脚号代表集成电路的引脚。

2.8.2　集成电路的分类

集成电路一般按照它的集成度、用途和制造工艺来进行分类。

1. 按一块硅芯片上集成的元件数分类

小规模集成电路:元件数小于 100 个。

中规模集成电路:元件数从 100 个元件到 1000 个元件。

大规模集成电路:元件数从 1000 个元件到 100000 个元件。

超大规模集成电路:元件数在 100000 个元件以上。

2. 按用途分类

集成电路按用途可分为模拟集成电路和数字集成电路两种。模拟集成电路处理的是模拟信号,数字集成电路处理的是数字信号,当然在有些情况下,可以灵活掌握、混合使用。

3. 按制造工艺类

集成电路按制造工艺可分为膜集成电路和半导体集成电路以及混合集成电路等几种。半导体集成电路是目前使用最广泛的,它的内部集成有晶体三极管、晶体二极管、电阻、电容等在普通电路中常用的基本元件。根据内部制作所用的元器件不同,半导体集成电路又可分为双极型和单极型两种。单极型的集成电路内部电路以使用 MOS 管组成的各种电路为主,其中CMOS 电路是最常用的。由于 CMOS 电路的输入阻抗高,所以容易被静电感应电压所击穿,在焊接时最好将电烙铁头接地,或者拔下插头,利用余热进行焊接。存放时也要注意,不要接近一些容易产生静电的材料,有条件的最好用金属盒保存。

2.8.3　集成电路的识别

集成电路的引脚较多,如何正确识别集成电路的引脚则是使用中的首要问题。下面介绍几种常用集成电路引脚的排列形成。

圆形结构的集成电路和金属壳封装的半导体三极管类似,小凸片处的引脚为 1 脚,沿顺时针方向依次为 1,2,3,…,如图 2-8-2(a)所示。

单列直插型集成电路的识别标记有的用倒角,有的用凹坑。这类集成电路引脚的排列方式也是从标记开始的,从左向右依次为 1,2,3,…,如图 2-8-2(b)、(c)所示。

双列直插式集成电路的识别标记多为半圆形凹口,有的用金属封装标记或圆形凹坑标记。这类集成电路引脚排列方式也是从标记开始,沿逆时针方向依次为 1,2,3,…,如图 2-8-2(d)、(e)、(f) 所示。

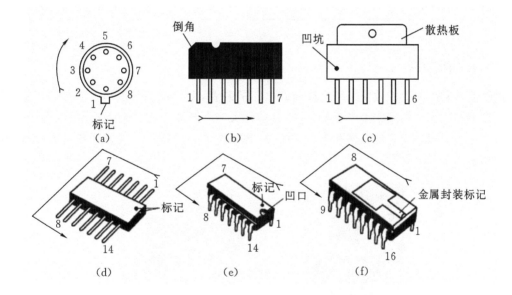

图 2-8-2　集成电路的引脚

2.9　机电元件

利用机械力或电信号的作用,使电路产生通、断或转接等功能的器件称为机电元件,如开关、按钮、继电器、接插件等。

2.9.1　按钮

按钮常用于手动接通和断开控制电路,外形如图 2-9-1 所示,符号如表 2-9-1 所示。

图 2-9-1 按钮

表 2-9-1 按钮符号

名　称	常闭按钮 （停止按钮）	常开按钮 （启动按钮）	复合按钮
符　号	E-7-SB	E-7-SB	E-7-SB

2.9.2 接触器

接触器是利用电流的效应来闭合或断开电路的装置，用于自动保护和自动控制。它实际上是用较小的电流去控制较大电流的一种"自动开关"，在电路中起着自动调节、安全保护、转换电路等作用。接触器有电磁式和真空式两种，如图 2-9-2 所示。接触器各组成部分的图形符号如表 2-9-2 所示。

（a）电磁交流接触器　　　　（b）真空交流接触器

图 2-9-2 接触器

表 2-9-2 接触器符号

名　称	接触器线圈	接触器主触头	接触器辅助触头
符　号	KM	KM	常开 —— KM 常闭 —— KM

接触器利用主触点来开闭电路,用辅助触点来执行控制指令。主触点一般只有常开触点,而辅助触点通常有1~2对只能通过较小电流的,具有常开和常闭功能的触点。小型的接触器也经常作为中间继电器配合主电路使用。

选用交流接触器时,应从实际工作条件出发,按满足被控制设备的要求进行。主要的选择依据为:主触头的额定工作电压、额定工作电流,吸引线圈的电压等级,辅助触头的数量与种类,被控设备的负载功率、使用类别、控制方式、操作频率、工作寿命、安装方式、安装尺寸以及经济性。

2.9.3 继电器

继电器与接触器的工作原理基本相同,相较于接触器,继电器的体积和触点容量小,触点数目多,只能够接通和分断较小电流的控制信号(≤10 A),所以,继电器一般用于控制电路中。图2-9-3是几种常见继电器。

图 2-9-3 几种常见继电器

常用的继电器有电磁继电器、热敏干簧继电器和固态继电器(SSR),电磁式继电器的图形符号如图2-9-4所示。

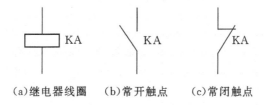

(a)继电器线圈   (b)常开触点   (c)常闭触点

图 2-9-4 电磁式继电器的图形符号

电磁式继电器一般由铁芯、线圈、衔铁、触点簧片等组成。它利用电磁的吸力和弹簧的拉力实现电路的导通或切断。

热敏干簧继电器是一种利用热敏磁性材料检测和控制温度的新型热敏开关,由恒磁环产生的磁力驱动开关动作。恒磁环能否向干簧管提供磁力是由感温磁环的温控特性决定的。

固态继电器是一种全部由固态电子元件组成的新型无触点开关器件,用隔离器件实现控制端与负载端的隔离。

选用继电器时,应考虑控制电路的电源电压,能提供的最大电流;被控制电路中的电压和电流；被控电路需要几组、什么形式的触点。一般控制电路的电源电压可作为选用的依据。控制电路应能给继电器提供足够的工作电流，否则继电器吸合不稳定。

2.9.4　常用接插件

接插件也叫连接器，它可以简化电子产品的装配过程，使产品易于维修和升级，还可以提高产品设计的灵活性，如图 2-9-5 所示。

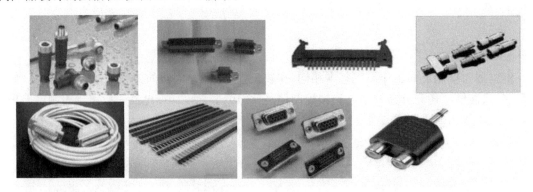

图 2-9-5　几种常用接插件

按照外形结构特征分类，常见的有圆形接插件、矩形接插件、印制板接插件、带状电缆接插件等。

1．圆形接插件

圆形接插件的插头具有圆筒状外形，插座焊接在印制电路板上或紧固在金属机箱上，插头与插座之间有插接和螺接两种，用于系统内各种设备之间的电气连接。插接方式的圆形接插件用于插拔次数较多、连接点数少且电流不超过 1A 的电路连接，如老式的台式计算机键盘、鼠标插头（PS/2 端口）。

2．矩形接插件

矩形接插件的体积较大，电流容量也较大，能充分利用空间，主要用于印刷电路板上安培级电流信号的互相连接。有些矩形接插件带有金属外壳及锁紧装置，可以用于机外的电缆之间和电路板与面板之间的电气连接。

3．印制板接插件

印制板接插件用于印制电路板之间的直接连接，外形是长条形，结构有直接型、绕接型、间接型等形式。插头由印制电路板（"子"板）边缘上镀金的排状铜箔条（俗称"金手指"）构成，焊接在"母"板上。"子"电路板插入"母"电路板上的插座，实现两块板间的电路连接。

印制板插座的型号很多，主要规格有排数（单排、双排）、针数（引线数目，从 7 线到近 200 线不等）、针间距（相邻接点簧片之间的距离）以及有无定位装置、有无锁定装置等。如显卡、声卡与主板的连接。

4．同轴接插件

同轴接插件又叫做射频接插件或微波接插件，用于传输射频信号、数字信号的同轴电缆之间的连接，工作频率可达到数千兆赫兹以上。

5. 带状电缆接插件

带状电缆是一种扁平电缆,从外观看像是几十根塑料导线并排粘合在一起。带状电缆占用空间小,轻巧柔韧,布线方便,不易混淆。带状电缆插头是电缆两端的连接器,它与电缆的连接不用焊接,而是靠压力使连接端内的刀口刺破电缆的绝缘层实现电气连接,工艺简单。

6. 插针式接插件

插针式接插件常见到两类:图 2-9-6(a)所示为民用消费电子产品常用的插针式接插件,插座可以装配焊接在印制电路板上,插头压接(或焊接)导线,连接印制板外部的电路部件;图 2-9-6(b)所示接插件为数字电路常用,插头、插座分别装焊在两块印制电路板上,用来连接两者。

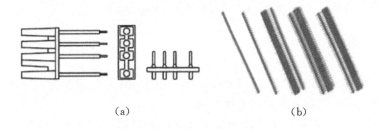

(a)   (b)

图 2-9-6 插针式接插件

7. D 形接插件

D 形接插件的端面很像字母 D,具有非对称定位和连接锁紧机构。常见的接点数有 9、15、25、37 等几种,连接可靠,定位准确,用于电器设备之间的连接,如计算机的 RS-232 串行数据接口和 LPT 并行数据接口(打印机接口)。

8. 条形接插件

条形接插件如图 2-9-7 所示,广泛用于印制电路板与导线的连接。接插件的插针间距有 2.54 mm(额定电流 1.2 A)和 3.96 mm(额定电流 3 A)两种,工作电压为 250 V,接触电阻约为 0.01 Ω。插座焊接在电路板上,导线压接在插头上,压接质量对连接可靠性的影响很大。这种接插件保证插拔次数约 30 次。

图 2-9-7 条形接插件

9. 音视频接插件

这种接插件也称 AV 连接器,用于连接各种音响设备、摄录像设备、视频播放设备,传输音频、视频信号。音视频接插件有很多种类,常见的有耳机/话筒插头座和莲花插头座。

10. 直流电源接插件

这种接插件用于连接小型电子产品的便携式直流电源,例如"随身听"收录机(walkman)的小电源和笔记本电脑的电源适配器(AC adaptor)都是使用这类接插件连接,如图2-9-8所示。插头的额定电流一般在2~5 A范围内,尺寸有三种规格,外圆直径×内孔直径为3.4 mm×1.3 mm、5.5 mm×2.1 mm、5.5 mm×2.5 mm。

图2-9-8　几种直流电源接插件

2.10　印刷电路板

印制电路板简称印制板或PCB板(Printed Circuit Board),是重要的电子部件,用于支撑电子元器件并用来提供PCB上零件的电路连接。

印制电路板本身的基板是由绝缘隔热且不易弯曲的材质所制作的,铜箔覆盖在整个板子上。在制造过程中部分被蚀刻处理掉,留下来的部分就变成网状的细小线路了。这些线路被称作导线或称布线。

通常PCB的颜色都是绿色或是棕色,这是阻焊的颜色,是绝缘防护层,可以保护铜线,也防止焊接时造成短路,并节省焊锡用量。在阻焊层上还会印刷上一层丝网印刷面。通常在这上面会印上文字与符号(大多是白色的),以标示出各零件在板子上的位置。丝网印刷面也被称作图标面,按照线路板层数可分为单面板、双面板及多层板。

2.10.1　单面板

在最基本的PCB上,零件集中在其中一面上,称为元件面,导线则集中在另一面上,称为焊接面。因为导线只出现在其中一面,所以我们就称这种PCB为单面板,如图2-10-1所示。因为单面板在设计线路上有许多严格的限制(因为只有一面,布线间不能交叉而必须绕独自的路径),适用于元器件数量少的简单电路。

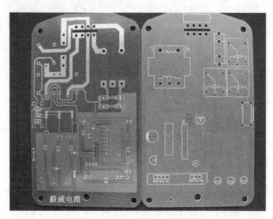

图2-10-1　单面板图例

2.10.2 双面板

双面板的两面都有布线。不过要用上两面的导线,必须要在两面间有适当的电路连接才行。这种电路间的"桥梁"叫做导孔。导孔是在 PCB 上充满或涂上金属的小洞,它可以与两面的导线相连接。因为双面板的面积比单面板大了一倍,而且布线可以互相交错(可以绕到另一面),所以它更适用于复杂一些的电路,如图 2-10-2 所示。

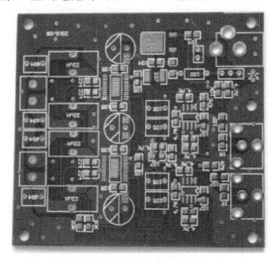

图 2-10-2 双面板图例

2.10.3 多层板

为了增加可以布线的面积,多层板用上了更多单或双面的布线板。多层板使用数片双面板,并在每层板间放进一层绝缘层后黏牢(压合)。板子的层数就代表了有几层独立的布线层,通常层数都是偶数,并且包含最外侧的两层。大部分计算机的主机板都是 4 到 8 层的结构,不过技术上可以做到近 100 层的 PCB 板。大型的超级计算机大多使用相当多层的主机板,不过因为这类计算机已经可以用许多普通计算机的集群代替,超多层板已经渐渐不被使用了。PCB 中的各层都紧密结合,一般不太容易看出实际数目。多层板如图 2-10-3 所示。

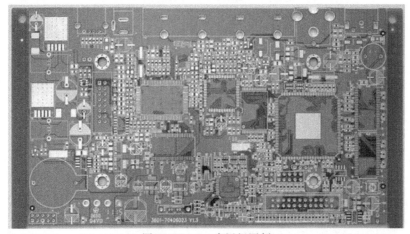

图 2-10-3 多层板图例

　　前面提到的导孔,如果应用在双面板上,那么一定都是打穿整个板子。不过在多层板当中,如果只想连接其中一些线路,那么导孔可能会浪费一些其他层的线路空间,一般采用埋孔和盲孔技术避免这个问题。盲孔是将几层内部 PCB 与表面 PCB 连接,不须穿透整个板子。埋孔则只连接内部的 PCB,所以光是从表面是看不出来的。在多层板 PCB 中,整层都直接连接上地线与电源。所以,我们将各层分类为信号层、电源层或是地线层。如果 PCB 上的元件需要不同的电源供应,通常这类 PCB 会有两层以上的电源与地线层。

第3章　焊接及装配

电子电路的焊接、组装与调试在电子工程技术中占有重要位置。任何一个电子产品都是经由设计→焊接→组装→调试形成的,而焊接及装配是保证电子产品质量和可靠性的最基本环节。

3.1　焊接技术

焊点是元器件与印制电路板电气连接和机械连接的连接点,如图 3-1-1 所示。焊点的结构和强度就决定了电子产品的性能和可靠性。

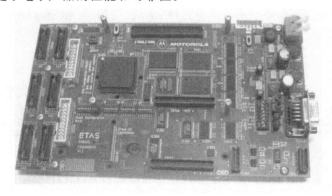

图 3-1-1　电路板

3.1.1　焊接的基础知识

1. 锡焊

锡焊是焊接的一种,它是将焊件和熔点比焊件低的焊料共同加热到锡焊温度,在焊件不熔化的情况下,焊料熔化并浸润焊接面,依靠二者原子的扩散形成焊件的连接。因焊料常为锡基合金,故名锡焊。锡焊必须具备以下条件:

(1)焊件必须具有良好的可焊性。

(2)焊件表面必须保持清洁。

(3)要使用合适的助焊剂。

(4)焊件要加热到适当的温度。

(5)合适的焊接时间。

2. 焊点合格的标准

液体在固体表面能够漫流铺开,这种现象叫"润湿"。它是物质所固有的一种性质。图3-1-2中角 θ 称为润湿角,润湿角越小,润湿效果越好。一般以 90°角为润湿的分界,润湿角 $\theta > 90°$ 为不润湿,$\theta < 90°$ 称为润湿。焊接时,润湿角度的大小是评价焊接质量优劣的标准。综合考虑润湿效果及焊点的牢靠性,一般焊点润湿角应该在 20°～45°之间。

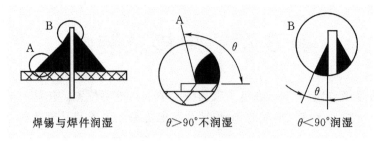

焊锡与焊件润湿   θ>90°不润湿   θ<90°润湿

图 3-1-2　润湿角

合格的焊点应满足下面三个条件:

(1)焊点有足够的机械强度。

(2)良好的导电性能。

(3)焊点表面整齐、美观:焊点的外观应光滑、清洁、均匀、对称、整齐、美观,充满整个焊盘并与焊盘大小比例合适。图 3-1-3 所示为几种合格焊点的断面形状,可参考判断焊点是否合格。

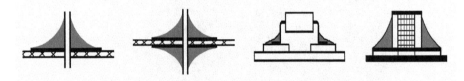

图 3-1-3　合格焊点

3.1.2　手工焊接方法

1. 电烙铁的握法

为了人体安全,一般烙铁距鼻子的距离通常以 30 cm 为宜。电烙铁拿法有三种——反握法、正握法和握笔法,如图 3-1-4 所示。反握法的动作稳定,长时间操作不易疲劳,适于大功率烙铁的操作;正握法适于中功率烙铁或带弯头电烙铁的操作;一般的操作台上焊接印制板时多采用握笔法。

(a)反握法　　　　(b)正握法　　　　(c)握笔法

图 3-1-4　电烙铁的拿法

2. 焊锡丝的基本拿法

焊锡丝一般有连续焊接和断续焊接两种拿法,如图 3-1-5 所示。

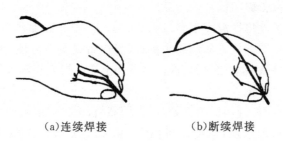

　　　　　(a)连续焊接　　　　　　　　　(b)断续焊接

图 3-1-5　焊锡丝的拿法

3. 焊接操作注意事项

(1)保持烙铁头的清洁。

(2)采用正确的加热方法。要靠增加接触面积加快传热,而不要用烙铁对焊件加力。应该让烙铁头与焊件形成面接触,而不是点接触。

(3)在焊锡凝固之前不要使焊件移动或振动。

4. 焊接步骤

手工焊接最常用的是五步焊接法,如图 3-1-6 所示。以元件在 PCB 板上的焊接为例,五步焊接法的焊接步骤为:

第一步,准备施焊。烙铁头蘸上少许焊锡,将烙铁头和焊锡靠近被焊工件。

第二步,加热焊件。将烙铁头放在元件引线根部,同时加热引线和焊盘。

第三步,熔化焊锡。将焊锡丝放在引脚根部,熔化适量焊锡。在送焊锡过程中,可以先将焊锡接触烙铁头,然后移动焊锡至与烙铁头相对的位置,这样做有利于焊锡的熔化和热量的传导。

第四步,移开焊锡丝。待焊锡充满焊盘后,迅速移开焊锡丝,应沿着元件引线的方向向上提起焊锡。

第五步,移开烙铁。焊锡的扩展范围达到要求后,移开烙铁。注意撤烙铁的速度要快,撤离方向要沿着元件引线的方向向上提起。

　准备施焊　　　　加热焊件　　　　熔化焊锡　　　移开焊锡丝　　　移开烙铁

图 3-1-6　五步焊接法

5. 检查焊点

目测是否有错焊、漏焊、虚焊和连焊,焊点是否有拉尖现象,焊点外形润湿是否良好,表面是否光亮、圆润。对有怀疑的焊接,用手指触摸元器件检查有无松动、焊接不牢的现象,用镊子轻轻拨动焊接部或夹住元器件引线,轻轻拉动观察有无松动现象。

3.1.3　焊接前的准备

1. 电烙铁焊接前的准备

在使用过程中,由于电烙铁温度很高,达 300℃ 以上,长时间加热会使焊锡熔化挥发,在烙铁头上留下一层污垢,影响焊接。使用前用擦布(湿棉布或浸水海绵)将烙铁头擦拭干净或在松香里清洗干净,再往烙铁头上加焊锡,保持烙铁头上有一层光亮的焊锡,这样电烙铁才好用。

2. 元器件焊接前的准备

元器件焊接前应首先进行焊件表面处理,常用酒精、机械刮磨或丙酮等清洁焊件表面的锈迹、油污等影响焊接质量的杂质,然后进行预焊,也叫搪锡、镀锡。随着元器件生产工艺的改进,很多新元器件已不用专门镀锡。

3.2　元器件在印制板上的安装

电子产品中常用的一般电子元器件有电阻、电容、半导体二极管、半导体三极管等。这些元器件插装到印刷电路板前,一般都要将引线弯曲成型。元器件引线的弯曲成型的要求取决于元器件本身的封装外形和印制板上的安装位置,有时也因整个印制板安装空间限定元件安装位置。

3.2.1　元器件引脚成型

根据插装方法的不同,元器件引脚成型有卧式成型和立式成型两种,如图 3 - 2 - 1 所示。

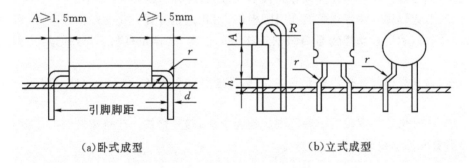

(a)卧式成型　　　　　　　　　　(b)立式成型

图 3 - 2 - 1　元器件引脚成型

1. 卧式成型要求

卧式成型适用于间距较宽(宽度大于元件体)。引脚弯折处距离引脚根部尺寸应大于 1.5 mm,以防止引脚折断;同时引脚的弯曲弧度不可以是直角,引脚弯曲半径 r 应大于两倍引脚直径 d,以减少弯折产生的机械应力。两引脚左右弯折要对称,引出线要平行,其间距应与印刷电路板两焊盘孔的间距相同,以便于插装,如图 3 - 2 - 2(a)所示。

2. 立式成型要求

立式成型适用于间距较窄(宽度小于元件体)。引脚弯曲弧度要大于元件体的外半径。其他要求和卧式成型一样,如图 3 - 2 - 2(b)所示。图 3 - 2 - 3 给出常见元器件成型后的样子。

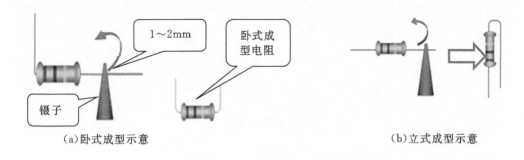

（a）卧式成型示意　　　　　　　　　　　（b）立式成型示意

图 3-2-2　元件成型示意

（a）电阻的卧式成型

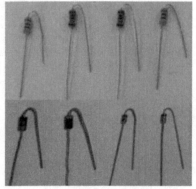

（b）电阻的立式成型

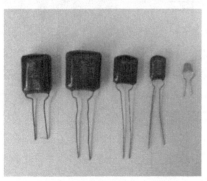

（c）间距较窄时电容的立式成型

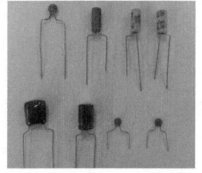

（d）间距较宽时电容的立式成型

图 3-2-3　常见元器件成型示例

3.2.2　常用元器件的插装方法及要求

元器件的安装有卧式（水平式）装插法和立式（垂直式）装插法。

卧式装插法适用于两孔间距大而宽，其优点是稳定性好、比较牢固。立式插装适用于两孔间距小而窄，优点是密度较大，占用印刷电路板的面积小，拆卸方便，如图 3-2-4 所示。

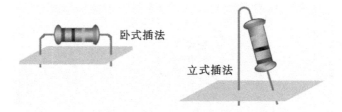

图 3-2-4 元器件插装示意

元器件在印制板上，一般有以下几种安装形式。

（1）贴板安装：适用于防震要求高的产品。元器件贴紧印制基板面，安装间隙小于 1 mm，如图 3-2-5 所示。当元器件为金属外壳，安装面又有印制导线时，应加垫绝缘衬垫或绝缘套管。

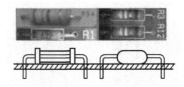

图 3-2-5 贴板安装

（2）悬空安装：适用于发热元件的安装。元器件距印制基板面要有一定的距离，安装距离一般为 3~8 mm，如图 3-2-6 所示。

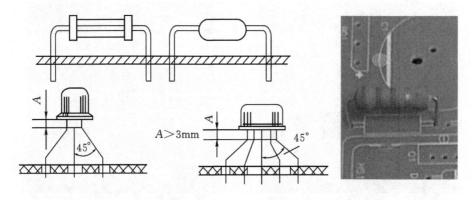

图 3-2-6 悬空安装

（3）垂直安装：适用于安装密度较高的场合。元器件垂直于印制基板面，但大质量细引线的元器件不宜采用这种形式，如图 3-2-7 所示。

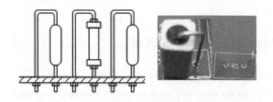

图 3-2-7 垂直安装

（4）埋头安装：又称为嵌入式安装，这种方式可提高元器件防震能力，降低安装高度，如图 3 - 2 - 8 所示。

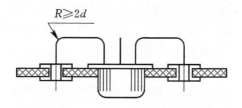

图 3 - 2 - 8　埋头安装

（5）有高度限制时的安装：元器件安装高度的限制一般在图纸上是标明的，通常处理的方法是垂直插入后，再朝水平方向弯曲，如图 3 - 2 - 9 所示。对大型元器件要特殊处理，以保证有足够的机械强度，经得起振动和冲击。

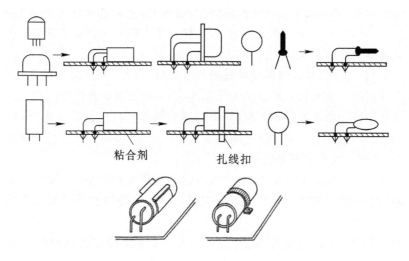

粘合剂　　　　扎线扣

图 3 - 2 - 9　有高度限制时的安装

（6）支架固定安装：这种方式适用于重量较大的元件，如小型继电器、变压器、扼流圈等，一般用金属支架在印制基板上将元件固定，如图 3 - 2 - 10 所示。

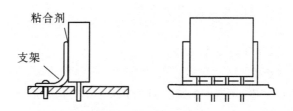

粘合剂

支架

图 3 - 2 - 10　支架固定安装

3.2.3 元器件的安装要求

1. 元器件安装的基本要求

元器件安装的基本要求是：牢固可靠，不损伤元件，避免碰坏机箱及元器件的涂覆层，不破坏元器件的绝缘性能，安装件的方向、位置要正确。

2. 元器件插装顺序

元器件插装顺序原则是上道工序不影响下道工序的安装，具体要求：

先低后高，先小后大；

先左后右，先里后外；

品种规格相同的元件集中在一起插装；

有极性要求的集中在一起插装；

易掉落的元件，放在最后工序插装。

3. 插装要求

(1)尽量使其标记(色码或字符标注的数值、精度等)向上或朝着易于辨认的方向，并且使标记的读数方向一致，即从左到右或从上到下，这样利于直观检查。立式安装的色环电阻应高度一致，最好让起始色环向上。

(2)卧式安装的元器件，尽量使两端引线的长度相等、对称，把元器件放置在两孔中央，排列要整齐，且上端引线不要太长。有极性的元器件，插装时要保证极性方向正确。

(3)元器件在单面印制板上卧式装配时，小功率元器件可以平行紧贴板面，功率较大者应距离板面 2 mm；在双面板上，元器件则要距离板面 1～2 mm，以防止元器件的裸露部分同印制导线短路。立式插装一般要求距离板面 2 mm。

(4)为了保证整机产品的安全标准，对电源电路和高压电路部分，必须注意保持元器件间的最小放电距离，且插装元器件不能有严重的歪斜。立式安装的元器件引线可采用加套绝缘塑料管，使引线相互隔离。

(5)在非专业化条件下批量制作电子产品时，通常是手工插装元器件与焊接操作同步进行。首先装配需要机械固定的元器件，先焊接比较耐热的元器件，例如接插件、小型变压器、电阻、电容等；然后再装配焊接比较怕热的元器件，如各种半导体器件及塑封的元件。

(6)对于片式元器件与分立元器件混合组装时，单面板一般采用先贴装后插装的方法。

3.2.4 元器件的焊装步骤

电子产品的元器件在印制板的安装，分为七步：

1)清点元器件

根据元器件表，将元器件分类清点。

2)印制板及元器件的检查

检查印制板图形是否完整，元器件的规格是否正确，外观有无损坏，必要时测量元器件的参数。

3)元件腿清理与镀锡

若元件腿锈蚀，用断锯条断面刃口或细砂纸刮去元器件引脚需要焊接部位的氧化物、污物等，用蘸锡的电烙铁头沿着引线镀锡，但应注意引线上的镀锡要尽量薄而均匀，表面要光亮。

　4)元器件整型

　根据电路原理图和装配图的对应关系,找出各个元器件所在位置,确定各元件的安装形式,对元件腿进行弯折。

　5)将元器件插入相应位置的焊盘

　按照插装顺序原则插装元器件。

　6)焊接

　手工安装采用五步法焊接。

　7)剪腿

　焊完一个或一批元器件后,贴板剪腿。

第4章 ARM 基础

4.1 ARM 简介

ARM 缩写有两种含义:一是指 ARM 公司;二是指 ARM 公司设计的低功耗 CPU 内核及其架构,包括 ARM1～ARM11 以及 Cortex。

ARM 公司作为全球领先的 32 位嵌入式 RISC 芯片内核设计公司,以出售 ARM 内核的知识产权为主要业务模式,并据此建立了与各大芯片厂商和软件厂商的产业联盟,形成了包括内核设计、芯片制定与生产、开发模式与支撑软件、整机集成等领域的完整产业链,在 32 位高端嵌入式系统领域居于统治地位。

ARM 具有典型的精简指令系统(RISC)风格。而 Cortex 是 ARM 的新一代处理器内核,本质上是 ARM v7 构架的实现。Cortex 按照三类典型的嵌入式系统应用,即高性能类、微控制器类和实时类分成三个系列,即 Cortex-A、Cortex-M 和 Cortex-R。这里使用的 ARM 芯片内核为 Cortex-M3 系列,Cortex-M3 处理器旨在提供一种高性能、低成本的平台,以满足最小存储器实现小引脚数和低功耗的需求,同时提供出色的计算性能和中断系统响应。在后续实例中选用的 STM32F103 系列微控制器属于意法半导体推出的基于 Cortex 内核的微控制器 STM32 系列产品,STM32 产品包括 STM32F101、STM32F102、STM32F103、STM32F105、STM32F107,每个系列内部根据外设配置、存储器容量和封装形式又可分为多款芯片。

STM32 系列微控制器芯片的突出优点是内部高度集成,且可提供高质量的固件库,开发十分方便。

(1)具有内嵌电源监视器,可提供上电复位、低电压监测、掉电监测。

(2)自带时钟的看门狗定时器。

(3)一个主晶振可驱动整个系统,低成本的 4～16 MHz 即可驱动 CPU、USB 和其他所有外设。

(4)内嵌的 8 MHz RC 振荡器可以用作低成本主时钟源。

后续制作实例中采用的控制器硬件电路为 STM32F103 最小核心板,如图 4-1-1 所示。

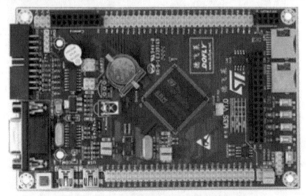

图 4-1-1 STM32F103 最小核心板

板上资源包括 STM32F103 芯片、电源外围电路及接口电路。芯片的 CPU 频率 72 MHz，FLASH 大小 512 字节，RAM 64 字节，芯片包括定时器、USART 接口、SPI 接口、IIC 接口、ADC 通道、DAC 通道、I/O 端口等多种资源。

4.2　MDK-ARM 软件使用

Keil MDK-ARM 是适用于基于 Cortex-M、Cortex-R4、ARM7 和 ARM9 处理器的完整软件开发环境。MDK-ARM 专为微控制器应用程序开发而设计，它具有强大的功能，适用于多数嵌入式应用程序开发。MDK-ARM 包括 μVision4 集成开发环境与 ARM 编译器，具有自动配置启动代码、集成 Flash 烧写模块、强大的 Simulation 设备模拟、性能分析等功能。这里选择 MDK-ARM4.70 版本的开发工具作为学习 STM32 的软件，后续实例开发中也将 MDK-ARM4.70 作为核心开发环境。在进行程序开发时，可参照下述方法和步骤。

1. 下载外设库

STM32F 系列微控制器是基于 ARM Cortex-M3 内核的 32 位 CPU，其内部寄存器设置比较复杂。ST 官方提供的固件库是一个固件函数集合，由程序、数据结构和宏构成，其作用包括向下直接与寄存器打交道，向上提供用户函数调用的接口。它包括了微控制器所有外设的性能特征，还包括每一个外设的驱动描述和应用实例。通过使用固件函数库，可以较轻松操作每一个外设，缩短程序编写时间。ST 官网提供完整的固件库，下载地址 http://www.st.com/web/en/catalog/tools/FM147/CL1794/SC961。

下载固件库后在计算机上新建文件夹，可命名为 STM32，将下载的固件库文件里的 Libraries 文件夹复制到这个文件夹中。在 STM32 文件夹中建立 list、object、user、project 四个文件夹，其中 list 文件夹用于存放编译时产生的 list 文件和 map 文件，object 文件夹用于存放 obj 文件，user 文件夹存放用户自定义的程序，project 文件夹用于存放建立工程时的相关文件，如图 4-2-1 所示。

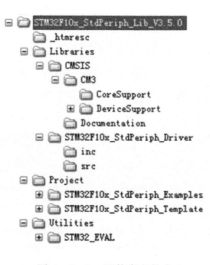

图 4-2-1　固件库文件夹

2. 新建工程

MDK-ARM 开发工具可以在 Keil 公司官网下载,下载地址 http://www.keil.com/demo/eval/arm.htm。

在 MDK-ARM 环境下新建工程的方法为:

(1)软件中依照图 4-2-2 中 Project→New μVision Project 顺序选择菜单项,弹出如图 4-2-3所示的保存工程界面。

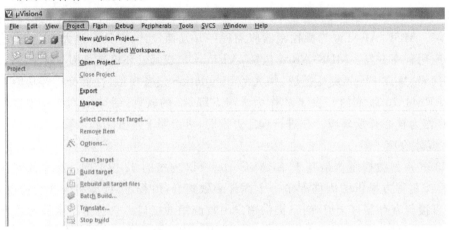

图 4-2-2　选择菜单新建一个工程

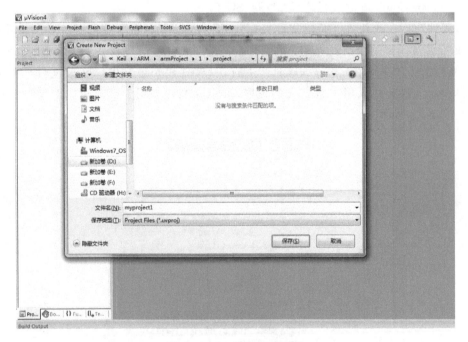

图 4-2-3　保存工程界面

给工程命名后保存在先前建立的 project 文件夹中,点击"保存"按钮后会弹出器件选择对话框,如图 4-2-4所示,这里选择和硬件实物相对应的芯片型号 STM32F103ZE 即可。点击

"OK"按钮后弹出的对话框,询问用户是否将启动代码加载到当前工程里,若需要则选择是,这里选择否。这时新建的工程如图 4 - 2 - 5 所示。

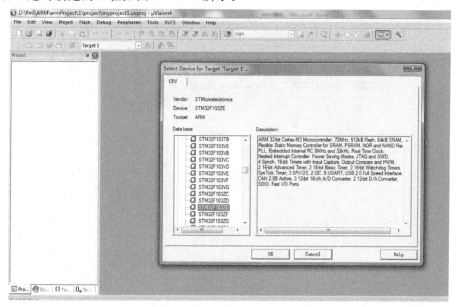

图 4 - 2 - 4　器件选择对话框

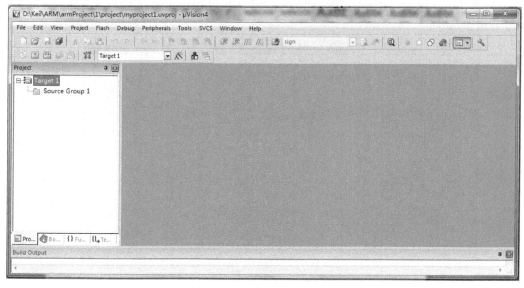

图 4 - 2 - 5　新建的工程界面

(2)在工具栏中单击按钮，或右键单击 Target1 并在弹出的菜单上选择 Manage Components 选项,按照图 4 - 2 - 6 所示,为 Target1 添加四个分组,分别命名为 user、lib、start 和 CMSIS。接着,为建立的四个分组目录添加相应的文件。

①将固件库 Project\STM32F10x_StdPeriph_Examples\TIM\6Steps 文件夹中的 main.c、stm32f10x_conf.h、stm32f10x_it.c、stm32f10x_it.h 文件复制到 user 文件夹中。在 Manage

Components 选项中选择 user 分组，单击"Add Files"后将文件 main. c、stm32f10x _ it. c、stm32f10x_conf. h 加入 user 分组，添加后的界面如图 4 - 2 - 6 所示。

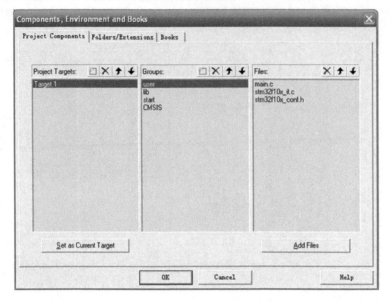

图 4 - 2 - 6　为 Target1 添加四个分组并为分组 user 添加文件

②将固件库路径 Libraries\STM32F10x_StdPeriph_Driver\src 文件夹下的所有文件添加到 lib 分组中，如图 4 - 2 - 7 所示。

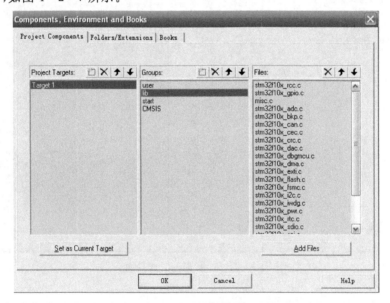

图 4 - 2 - 7　为 lib 分组添加文件

③如图 4 - 2 - 8 所示，在 start 分组下添加启动文件，添加路径为 Libraries\CMSIS\CM3\DeviceSupport\ ST \ STM32F10x \ startup \ arm \ startup _ stm32f10x _ hd. s。这是由于 STM32F103ZET6 为大容量 Flash(512KB)，所以添加的 startup_stm32f10x_hd. s 文件，若为

中容量则添加 startup_stm32f10x_md. s,若为小容量则添加 startup_stm32f10x_ld. s。

　　启动文件也可以在新建工程时直接由系统根据所选芯片类型自动添加。

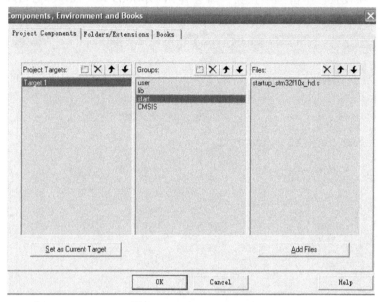

图 4 - 2 - 8　为 start 分组添加文件

　　④在 CMSIS 文件夹中添加内核文件,将固件库 Libraries\CMSIS\CM3\DeviceSupport\ST\STM32F10x 路径下 system_stm32f10x. c、system_stm32f10x. h 和路径 Libraries\CMSIS\CM3\CoreSupport 下的 core_cm3. c、core_cm3. h 复制到 CMSIS 文件夹,并添加到分组 CMSIS 中,如图 4 - 2 - 9 所示。

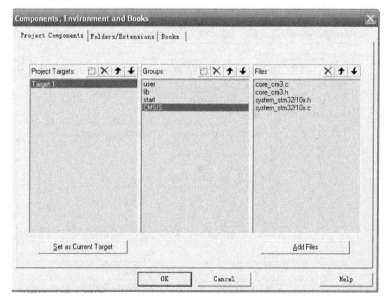

图 4 - 2 - 9　为 CMSIS 添加分组

（3）工程编译环境配置。为了顺利完成工程的编译，需要对所建工程的环境进行设置。

①Target 选项设置。单击选项按钮 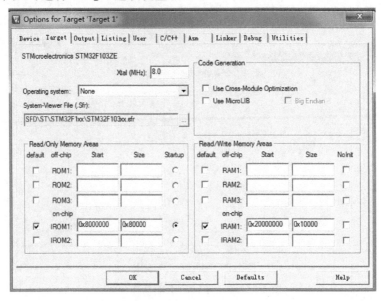，会弹出 Options for Target"Target1"对话框，如图 4 - 2 - 10 所示，可进行 Target 选项设置。

图 4 - 2 - 10　Target 选项设置对话框

②产生 HEX 文件。在 Output 标签下，如图 4 - 2 - 11 所示，勾选"Create HEX File"方框，这样在编译没有错误的情况下可以生成 STM32 的. hex 格式的可执行文件。选择目标文件 Objects 输出的文件夹路径。

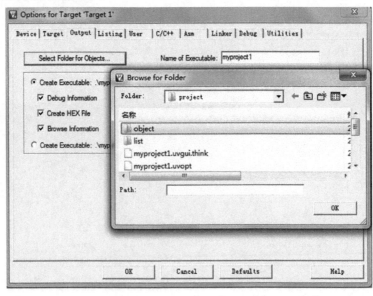

图 4 - 2 - 11　勾选产生 HEX 选项并设置目标文件夹路径

③选择列表文件输出的文件夹路径,如图 4-2-12 所示。

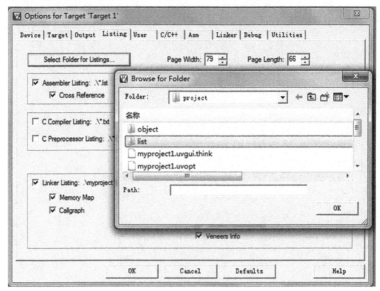

图 4-2-12　选择列表文件输出的文件夹路径

④C/C++选项卡设置。图 4-2-13 中在 C/C++标签下 Define 文本框中输入代码。这里输入的是 USE_STDPERIPH_DRIVER, STM32F10X_HD,其中 USE_STDPERIPH_DRIVER 定义了使用外设库,STM32F10X_HD 对应启动文件 startup_stm32f10x_hd.s,即大容量 Flash。

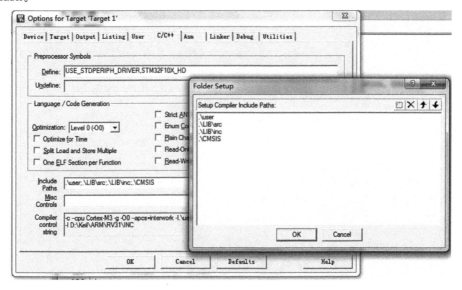

图 4-2-13　C/C++选项卡设置

⑤添加头文件路径,按照图 4-2-13 所示添加相关头文件路径,否则编写程序时会出错。添加完成的界面如图 4-2-13 所示。

这样，MDK 下一个 stm32 开发工程就建立成功了，编写好代码进行代码下载和程序调试即可。

第5章 制作实例

本章介绍电子产品核心 PCB 板和几款电子产品的制作实例。

5.1 印刷电路板快速制作

5.1.1 概述

印刷电路板(PCB, printed circuit board)几乎是任何电子产品的基础,几乎出现在每一种电子设备中。一般说来,如果在某台设备中有电子元器件,那么它们也都是被安装在大小各异的 PCB 上。

除了固定各种元器件外,PCB 的主要作用是提供各项元器件之间的连接电路。电路板本身是由绝缘隔热且无法弯曲的材质制作而成的,在被加工之前,铜箔是覆盖在整个电路板上的,在制造过程中部分被蚀刻去除,留下来的部分就是细小的线路了。

本节介绍适用于科技开发的单件或少量 PCB 快速制作的机械雕刻法,采用某公司生产的高速雕刻机。雕刻软件采用 SDCarve。运行光盘上 SDCarve 安装文件 Setup. exe,将 SD-Carve 软件安装到电脑上。

雕刻机单面板制作流程如图 5-1-1 所示。

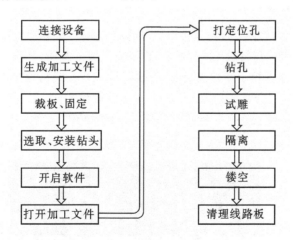

图 5-1-1 雕刻机单面板制作流程

5.1.2 雕刻机软硬件安装

1. 硬件安装

为方便操作雕刻机,最好将雕刻机放在与计算机工作平台高度相同的工作台面上,水平放置并保证底座稳固无晃动。然后将附带的 USB 连线一头连接到雕刻机的接口,另一头连接到 PC 机的接口;再将雕刻机的主轴电源线与变频器的输出接头连接好(注意不要缠绕机器部件)。将冷却水箱盛满自来水,把小型潜水泵放置进去,主轴冷却水管一头接潜水泵,一头通过冷却水箱上的小孔插入水中,潜水泵的进气口注意放置到水箱外面。连接好雕刻机、变频器与冷却水的电源连线后,就完成了雕刻机硬件的安装。

使用时,首先打开冷却水泵,确认冷却水开始正常流动后,再打开雕刻机开关,连接电脑使用。主轴电机变频器开关可在开始工作前再打开,机器内部已设定最大输出 400 Hz (24000 r/min),将变频器频率旋钮顺时针旋转到头即可。

备注:本机各参数出厂前已设置到最佳状态,并不开放给用户设置。如用户确有需要调整,请联系厂家说明后由厂家设置,请勿私自调设。

2. 软件安装

PC 机推荐配置:奔腾 4,主频 2.4 GHz,内存 256 MB,至少一个可用的 USB 接口,操作系统 winXP,附带 CD - ROM 驱动器。

将线路板雕刻机安装光盘插入到 CD - ROM 中,打开光盘,直接运行自动安装. bat 文件,程序会首先安装驱动程序和 SDCarve 雕刻软件,其次安装. netframework 2.0 插件,最后安装 Protel99se SP6 编辑软件。按默认设置,选择下一步到结束即可。(net framework 2.0 是 microsoft 免费提供的强大开发环境,用户可在微软的网站中随时更新下载最新版本,对于机器中已经安装的用户,可跳过本步到下一步)安装完毕后,在桌面会生成 SDCarve 程序的快捷方式,直接运行即可使用。

当硬件第一次插上时,系统会提示找到新硬件,需要手动安装驱动程序。这个驱动在光盘的 driver 文件夹中,名称是 SDCarveUSB. inf,用户自行安装即可。

5.1.3 生成加工文件

线路板文件设计好后,如何生成机器可以执行的加工文件,来驱动机器雕刻出我们需要的线路板呢? 我们以厂商附带的高灵敏无线探听器(以下简称探听器)的 PCB 线路板文件为例说明。

运行 protel99 SE,根据提示新建高灵敏无线探听器 DDB 线路板文件(或直接打开编辑好的线路板 DDB 文件),我们会看到如图 5-1-2 所示的设计文件。

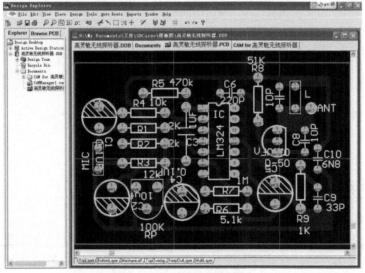

图 5-1-2 调入设计文件

选择文件(File)菜单的新建选项(new),生成图 5-1-3。

图 5-1-3　新建选项

选择图中第一项"CAM output configuration",点击"OK"按钮后出现图 5-1-4 所示界面。

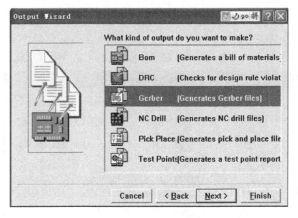

图 5-1-4　输出类型选择

选择 Gerber 文件格式后,连续按下一步(next)到图 5-1-5 所示的图层选择。

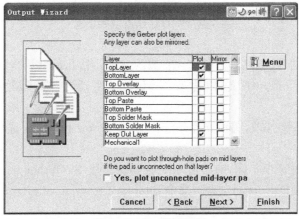

图 5-1-5　图层选择

选择布线中使用的图层(注意,一定要选择的有底层 bottom layer、顶层 top layer、禁止布线层 keep out layer),按下一步(next),出现图 5 - 1 - 6。

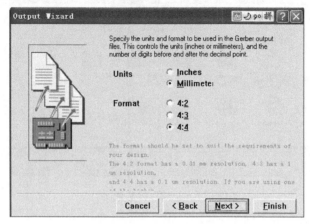

图 5 - 1 - 6　格式选择

选择图中的 mm 制和 4∶4 格式(即保留小数点后四位精度),点击结束(Finish)即生成线路板光绘文件 Gerber output1。

按同样的步骤,如图 5 - 1 - 7 所示,生成线路板钻孔文件 NC Drill。

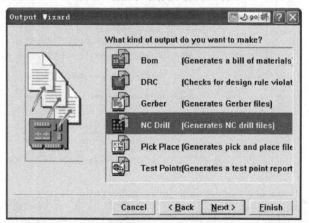

图 5 - 1 - 7　NC Drill 文件生成

光绘文件和钻孔文件生成后,需要统一它们的坐标。钻孔的默认坐标系不是 center plots on。右键点击 Gerber output1 文件,进行 Gerber 属性设置,选择属性(properties),如图 5 - 1 - 8所示。

选择高级(advanced)选项,去掉其他(other)中的 center plots on 选项复选框,点击"OK"即可。

Protel 不同版本的选项不同,对于有 sp6 的 protel 版本,Gerber output1 文件,选择属性(properties),选择高级(advanced)选项,选中 reference to relative origin。因为这是钻孔的默认坐标系。

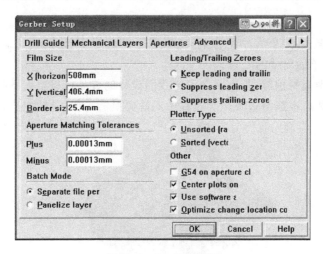

图 5-1-8　坐标选择

　　最后，右键点击左面栏目中光绘文件和钻孔文件所在的文件夹，选择输出（Export），如图 5-1-9所示。将加工文件存储的文件夹 CAMManager1.cam 存放到用户指定的地点，加工文件就生成了。

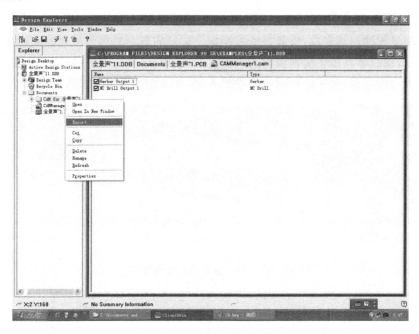

图 5-1-9　文件输出选择

5.1.4　电路雕刻

加工文件生成后，我们就要调整机器，来加工我们设计的电路板。

1. 裁板

一般购买的覆铜板,如果大小不合适,或者板子的边缘不整齐,这时就要用裁板机,如图 5-1-10所示,对板子做简单的处理。

裁割的板材要做板材预留,其大小必须比我们设计的成品板材要大一些,即覆铜板的大小应保证使用卡具安装后在线路板雕刻等过程中不妨碍机器工作,一般四边各留 1 cm 为宜。

图 5-1-10 手动裁板机

2. 固定电路板

确认雕刻机硬件连接完成,将裁好的覆铜板一边紧靠雕刻机底面平台的底边放置,并均匀用力压紧压平,使用卡具压住覆铜板的四边后上紧,如图 5-1-11 所示。注意,覆铜板的边沿一定要与底板边沿靠紧,并保证覆铜板边沿整齐,这样才能确保电路板换边时能准确定位。

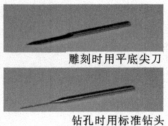

(a)覆铜板安装　　　　　　　(b)钻头　　　　　　　(c)钻头安装

图 5-1-11 覆铜板及钻头安装

3. 安装钻头

在线路板制作中,双面板的定位孔、钻孔等都需要钻头,我们先选取一种规格的钻头(如不知道线路文件中孔的大小,可先选用 0.8 mm 的钻头),使用双扳手将主轴电机下方的螺丝松开,插入钻头后拧紧即可。主轴电机钻头和刀具安装带有自校正功能,可自动防止刀具安装的歪斜。

4. 开启设备电源

依次开启冷却水泵、雕刻机、主轴变频器的电源,确认水流已经正常流动,变频器输出达到 400 Hz 后,即可开启软件进行加工。

5. 雕刻软件使用

运行 SDCarve 软件，出现如图 5 - 1 - 12 所示的界面。

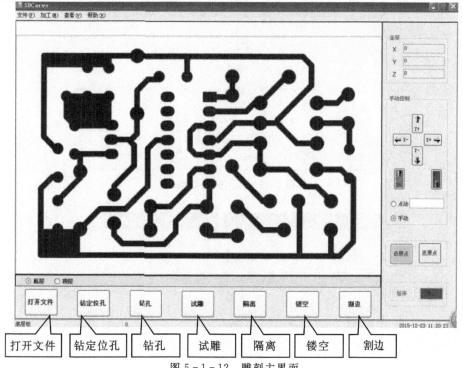

图 5 - 1 - 12　雕刻主界面

（1）打开文件。点击功能区"打开文件"按钮，打开我们生成的加工文件夹中的任意后缀名的文件，如高灵敏无线探听器文件夹中任选一个文件。

（2）设原点。将钻头移动到雕刻区左下角，点击"设原点"。此时功能区中"钻位定孔"、"钻孔"等按钮才可用。

（3）钻定位孔。使用钻头沿线路文件的最大矩形外框的四个角各钻一个定位孔，用来精确定位线路板顶层和底层位置。同时，左下角的定位孔坐标也默认为我们线路文件加工时的原点位置。

（4）点击"钻孔"。点击"钻孔"按钮，进入如图 5 - 1 - 13 所示的钻孔菜单。

左面一栏显示的是本线路文件中存在的几种规格的孔径大小，中间是可选择的钻孔刀的大小。选择孔径（如 0.762），选取相应的钻头（如 0.8），点击"添加"按钮，添加到已选好刀具栏，即可确认，如图 5 - 1 - 14 所示。

根据孔径分别选好相应的刀具，点击"确定"后，即可选择加工钻孔。如选择的刀具错误需修改，点击右侧对应孔径后点"删除"按钮，则相应的孔径又会回到左侧栏中，重新选取即可。

（5）点击"试雕"。在线路板加工中，默认刀尖刚接触到覆铜板平面时为坐标 Z 轴的零点，但由于板子难免有翘曲不平，所以使用试雕功能来保证线路各部分雕刻时刀尖都能刻到板子表面。按动"试雕"按钮，刀尖会从零点开始沿线路最大外框走一个矩形。如果板子表面四边都刚能划到，即认为 Z 轴零点调整好；如有几个边或部分刀尖不能划到板子，可继续调整刀尖深度，反复试雕，直到四边都能划到为止。

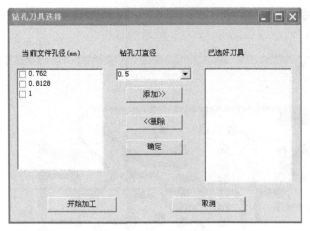

图 5-1-13　钻孔菜单

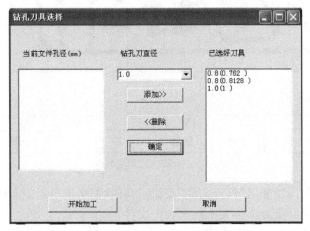

图 5-1-14　钻孔刀选择

　　(6)点击"隔离"。启动线路隔离功能,刀尖沿线路的外围边框刻制,使得线路和周围的覆铜绝缘分开。

　　在线路板制作中,有两种情况我们可以用到隔离功能:一种是如图 5-1-15 所示,当我们只需要快速将线路与周围覆铜绝缘,来进行初步实验时,这种方法只需一两分钟即可得到一块简便能用的线路板。另一种情况是当线路中存在较小的线距时,若用小刀径的雕刻刀会花很

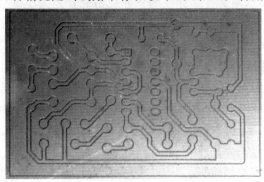

图 5-1-15　隔离线路板

长的时间来铣掉多余的铜,这时我们先利用隔离功能隔离线路,再用大刀径的铣刀把大部分覆铜割除,可以节约大量时间。在制作中,隔离功能亦可用作对线路部分的修边功能,它使得线路边界平滑整齐,在高频线路中会起到更好的效果。

(7)点击"镂空"。镂空功能即把板上除线路部分的铜铣掉的过程。铣刻的时间、效果和路径取决于选择的镂空刀的大小。一般刀径越大,时间越短;刀径越小,时间越长,但效果越好。

注意,"割边"按钮,一般不使用,以防损坏钻头。可取下线路板,用裁板机裁边,再用洗板机清洗、烘干。没有洗板机,也可用细砂纸将线路板两面轻轻打磨,去除毛刺,确保线路光滑饱满。为防止线路板被氧化并增加以后的可焊性,可在线路板两面适当涂上一层松香水。

以上所述是 PCB 简单的机械雕刻流程,至此线路板已经可以使用。如需进一步加工,可进行字符印制、上阻焊膜、镀锡等相关处理。

5.2　声光控开关的制作

5.2.1　声光控开关简介

声光控开关又称声光控延时开关,顾名思义,就是用声音量和光照度来控制的开关。当环境的亮度达到某个设定值以下,同时环境噪声超过某个值时,开关就会开启,延时若干分钟后开关"自动关闭"。因此,整个电路的功能就是将声音和光照信号处理后,变为电子开关的开关动作。声光控开关一般用于楼道灯,只有在特别暗的地方,一般是晚上的时候,当人走过只要有声音就会启动,方便而节能。

常见声光控延时开关如图 5-2-1 所示,工作原理框图如图 5-2-2 所示,电原理图如图 5-2-3所示。

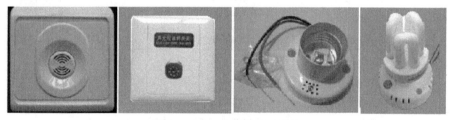

图 5-2-1　声光控延时开关

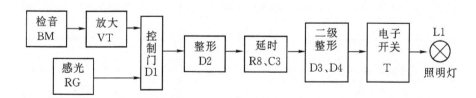

图 5-2-2　声光控延时开关工作原理框图

电路中的主要元器件是数字集成电路 CD4011,其内部含有 4 个独立的与非门 D1~D4,使电路结构简单,工作可靠性高。

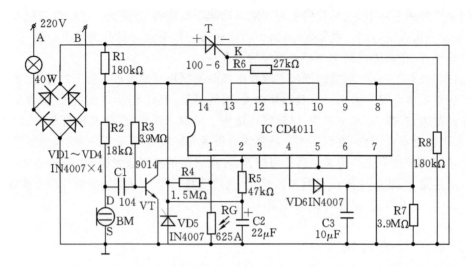

图 5-2-3　声光控延时开关原理图

5.2.2　元器件介绍

　　本款电子产品选用灯头型声光控开关,以便于调试和使用。元器件清单如表 5-2-1 所示。

表 5-2-1　元器件清单

序　号	名　　称	型号规格	位　号	数　量
1	集成电路	CD4011	IC	1 块
2	三极管	9014	VT	1 只
3	单向可控硅	100-6	T	1 只
4	整流二极管	IN4007	VD1~VD6	6 只
5	驻极体话筒	54±2 dB	BM	1 只
6	光敏电阻	625 A	RG	1 只
7	电阻	18 kΩ、27 kΩ	R2、R6	各 1 只
8	电阻	47 kΩ、1.5 MΩ	R5、R4	各 1 只
9	电阻	180 kΩ、3.9 MΩ	R1、R8、R7、R3	各 2 只
10	瓷片电容	104	C1	1 只
11	电解电容	10 μF、22 μF	C3、C2	各 1 只
12	集成电路插座 14 脚			1 个
13	五金螺口件			1 个
14	异形垫圈、磷铜簧片			各 1 片
15	印制板			1 块
16	导线			4 根
17	平灯座、圆底板	塑料件		1 套

序　号	名　称	型号规格	位　号	数　量
18	小焊片	$\phi 3.2\ mm$		2 片
19	自攻螺丝	$\phi 3 \times 8\ mm$		4 个
20	元机螺丝	$\phi 3 \times 8\ mm$		2 个
21	螺帽	M3		2 个

1. 驻极体话筒

1）驻极体话筒简介

驻极体话筒由声电转换和阻抗变换两部分组成,如图 5 - 2 - 4 所示。声电转换的关键元件是驻极体振动膜。它是一片极薄的塑料膜片,在其中一面蒸发上一层纯金薄膜。然后再经过高压电场驻极后,两面分别驻有异性电荷。膜片的蒸金面向外,与金属外壳相连通。膜片的另一面与金属极板之间用薄的绝缘衬圈隔离开。这样,蒸金膜与金属极板之间就形成一个电容。当驻极体膜片遇到声波振动时,引起电容两端的电场发生变化,从而产生了随声波变化而变化的交变电压。

图 5 - 2 - 4　驻极体话筒

2）驻极话筒的检测

驻极体选用的是一般收录机用的小话筒,其焊接面的中间孤岛极为 D 极,接高电位;与壳体有导线连接的极为 S 极,接低电位。它的测量方法是:用 R×100 挡将红表笔接外壳的 S、黑表笔接 D,这时用口对着驻极体吹气,若表针有摆动,说明该驻极体完好,摆动越大,灵敏度越高。

2. 晶闸管

1）晶闸管简介

晶闸管也称可控硅,是在晶体管基础上发展起来的一种大功率半导体器件。它的出现使半导体器件由弱电领域扩展到强电领域。晶闸管也像半导体二极管那样具有单向导电性,但它的导通时间是可控的,主要用于整流、逆变、调压及开关等方面。常见外形如图 5 - 2 - 5 所示。

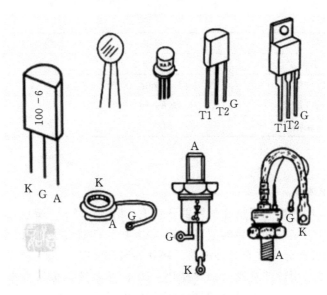

图 5-2-5 晶闸管常见实物外形

2)晶闸管导通的条件

(1)晶闸管阳极电路(阳极与阴极之间)施加正向电压。

(2)晶闸管控制电路(控制极与阴极之间)加正向电压或正向脉冲(正向触发电压)。

(3)晶闸管导通后,控制极便失去作用。

晶闸管电路符号及导通情况如图 5-2-6 所示。晶闸管一旦导通,控制极就失去作用,要将晶闸管关断,只能待阳极和阴极之间电压变为零或反向。

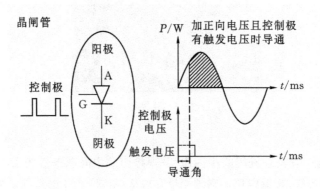

图 5-2-6 晶闸管电路符号及导通示意图

3)可控硅(晶闸管)的检测

本产品选用 1A/400 V 的进口单向可控硅 100-6 型,半圆柱的平面,从左端依次为 K、G、A 极。如负载电流大,可选用 3 A、6 A、10 A 等规格的单向可控硅。

(1)管脚判别。万用表选电阻 R×1Ω 挡,用红、黑两表笔分别测任意两引脚间正反向电阻,直至找出读数为数十(或数百)欧姆的一对引脚,此时黑表笔的引脚为控制极 G,红表笔的引脚为阴极 K,另一空脚为阳极 A,如图 5-2-7 所示。

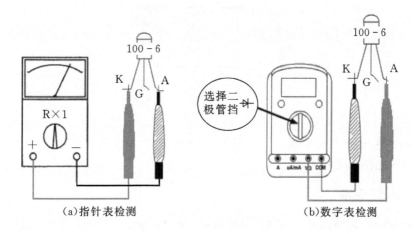

(a)指针表检测 (b)数字表检测

图 5-2-7 晶闸管检测

(2)性能检测。黑表笔接阳极,红表笔接阴极。此时万用表指针应不动。黑表笔在不脱开阳极的同时,用表笔尖去瞬间短接控制极,此时万用表电阻挡指针应向右偏转。若阳极 A 接黑表笔,阴极 K 接红表笔时,万用表指针发生偏转,说明该单向可控硅已击穿损坏。

数字万用表只能测试小功率的可控硅,同理用蜂鸣二极管挡,红笔接可控硅阳极,黑笔接可控硅阴极。把红笔保持接阳极的同时,与可控硅触发极短路一下,可控硅会导通,电阻变小。

3. CD4011 与非门

CD4011 用来实现开关灯的逻辑运算和整形功能,CD4011 内部结构框图、真值表和实物如图 5-2-8 所示。半圆缺放在左边,左下角为 1 脚,逆时针依次为 2,3,4,…,14 脚。

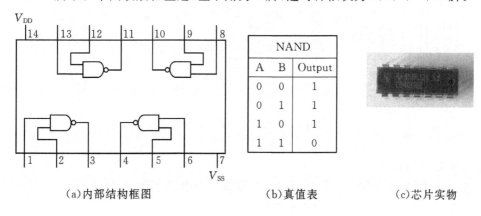

(a)内部结构框图 (b)真值表 (c)芯片实物

图 5-2-8 CD4011 与非门芯片

4. 光敏电阻

光电器件的工作原理:电流的作用能使硅材料发出可见光或红外线,反之,光的照射能改变硅材料的导电性能。如图 5-2-9 所示电路,有光照时 R_G 急剧下降,u_o 变小。

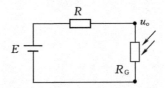

图 5 - 2 - 9　光敏电阻应用基本电路

检测：本产品选用 625 A 型，有光照射时电阻为 20 kΩ 以下，无光照时电阻值大于 100 MΩ，说明该元件是完好的。

5.2.3　电路分析

将声光控延时开关原理图分为桥式整流电路、光照检测电路、逻辑、延时电路、整形电路和开关电路 6 个功能块进行介绍，如图 5 - 2 - 10 所示。

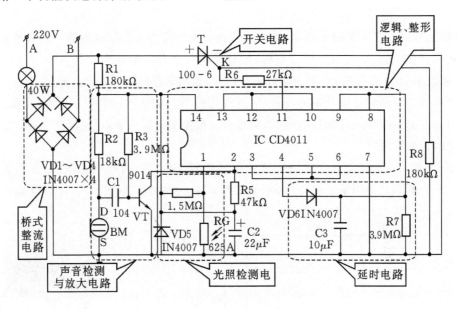

图 5 - 2 - 10　声光控延时开关原理功能分块

1. 电路功能模块

（1）桥式整流电路（VD1～VD4）：将 220 V 交流变成脉动直流电，又经 R1 降压、C2 滤波后即为电路的直流电源，为 BM、VT、IC 等供电。

（2）声音检测电路（BM、VT 等）：声音信号（脚步声、掌声等）由驻极体话筒 BM 接收并转换成电信号，经 C1 耦合到 VT 的基极进行电压放大，放大后的信号送到 CD4011 与非门（D1）的 2 脚，R3、R5 是 VT 的偏置电阻。

（3）光照度检测电路（RG、R4）：为了使声光控开关在白天开关断开，由光敏电阻 RG 等元件组成光控电路，R4 和 RG 组成串联分压电路。夜晚环境无光时，光敏电阻的阻值很大，RG 两端的电压高，检测信号送到 CD4011 与非门（D1）的 1 脚。

（4）充放电电路（C3、VD6、R7）：改变 R7 或 C3 的值，可改变延时时间，满足不同目的。

（5）逻辑与整形电路（CD4011）：CD4011 内部含有 4 个独立的与非门 D1～D4。D1、D2 实现声音和光照的逻辑关系，D3 和 D4 构成两级整形电路，将方波信号进行整形。

（6）开关电路（T）：可控硅 100-6 实现电路的通断。

2. 电路工作过程

当 1、2 脚同时为高电平，即光照度低、有声音时，与非输出 3 脚为低电平，送入下一级与非门后，4 脚输出高电平，经 VD6 向 C3 充电，当 C3 充电到一定电压时，信号经与非门 D3、D4 后输出为高电平，使单向可控硅导通，电子开关闭合，灯点亮；当 C3 放电到一定电平时，经与非门 D3、D4 输出为低电平，使单向可控硅截止，电子开关断开。完成一次完整的电子开关由开到关的过程。

5.2.4　制作与调试

1. 电子产品制作一般工艺

读图→元器件检测→元器件整形→焊装→调试→整机组装

2. 安装前检查

准备好声光控全套元件后，按照图纸，首先检查印制电路板线路是否完整，清点元器件，如图 5-2-11 所示。用万用表粗略（因出厂前已测量过）测量一下各元件值。测量注意点：不能用双手同时捏着元件腿测量，如图 5-2-12 所示。

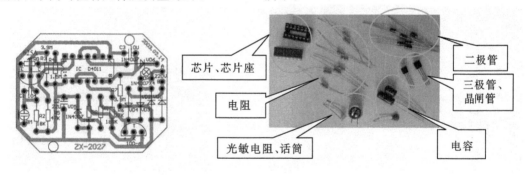

图 5-2-11　安装前检查

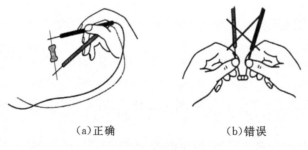

（a）正确　　　　　（b）错误

图 5-2-12　测量注意点

3. 焊装步骤及要求

(1)插装电阻:如图 5-2-13 所示,紧贴电路板卧式安装,标志位在上。整形时不要从根部弯折管脚,将电阻置于两个焊盘的中央。插入电阻后,轻轻捏一下电阻腿,使其倾斜,以防印制板反面时电阻掉落。插完所有电阻后,逐一焊接,然后贴着焊点剪去多余的管脚。以下插装也同样处理。

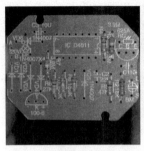 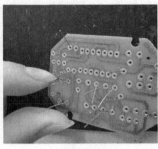 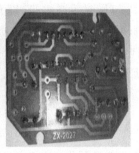

　　(a)电阻卧式安装　　　　　　(b)轻捏管脚　　　　　　(c)焊接后贴焊点

图 5-2-13　插装电阻

(2)插装二极管、芯片座:方向、圆缺与板子标示一致,如图 5-2-14 所示。

(3)插装电容:紧贴电路板,直立安装,极性安装正确,如图 5-2-15 所示。

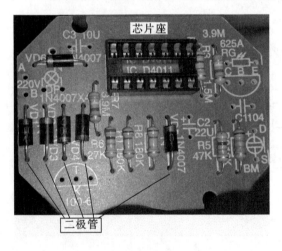 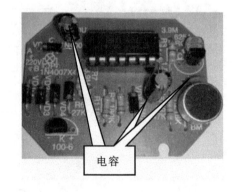

　　图 5-2-14　插装二极管、芯片座　　　　　　图 5-2-15　插装电容

　　(4)插装单向可控硅、三极管:两者外形一样,注意看清标示和安装方向,如图 5-2-16 所示。

　　(5)插装驻极体话筒:直立悬空安装,极性元件,引脚与外壳相连的为负,焊接要快速,如图 5-2-17 所示。

　　(6)插装光敏电阻:直立悬空安装,焊接快速,如图 5-2-17 所示。

　　(7)插装集成芯片 CD4011:将芯片管脚从根部折弯,芯片圆缺与板子标示圆缺一致,芯片座的管脚不要用手一个一个管脚地掰折,如图 5-2-17 所示。

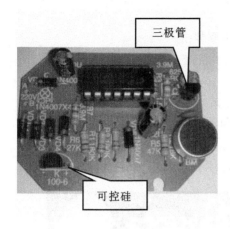

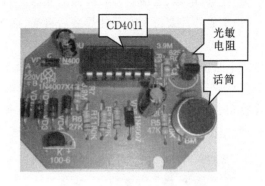

图 5 - 2 - 16　插装可控硅、三极管　　　　　图 5 - 2 - 17　插装话筒、光敏电阻和 CD4011

（8）组装灯头：注意两极不能短路，如图 5 - 2 - 18 所示。

①引线、引线极片镀锡，然后红、黑导线分别从元件面插入电极小孔，再分别将导线焊接到引线极片上，最后将引线极片稍稍折弯，以便维修。

②各零件放在相应位置。

③底部用尖嘴钳夹紧六方螺母，正面用梅花起子拧紧螺钉。

（9）插入灯头引线、电源引线：先现将引线剥皮、镀锡，再从印制板的元件面插到底后焊接，如图 5 - 2 - 19 所示。

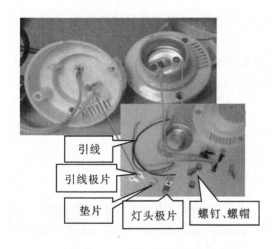

图 5 - 2 - 18　灯头组装　　　　　　　　　图 5 - 2 - 19　灯头引线插装

4. 焊装注意点

（1）找准元件位置，认真核对每一个元件的安装位置，不能不经核对将最后一个元件装在剩下的最后一个位置上。

（2）印制电路板面积小，要进行认真地检查，有无虚焊和错焊，焊点之间有否连接，以防引起短路，烧坏集成电路。焊接完成后，剪去多余引脚，留头在焊面以上 0.5～1 mm，且不能损坏焊接面。特别是电源线和灯头线，引线不要过长，导线裸露部分不超过 2 mm，引线不要有毛刺,以免发生短路。

(3)注意,电容、二极管等有极性的元器件,正负极不要装错。

(4)集成芯片要待所有元件焊装后再插,插芯片时方向不能搞错。

5. 调试

将电路板和灯头放在干净的桌面上,如图 5-2-20 所示。

(1)该产品供电为 220 V 交流电,将电源线与灯头的电源线的两级分别焊接,并将焊点用绝缘胶布分别粘贴牢靠,将白炽灯轻轻拧进灯头。

(2)用黑胶布遮盖光敏电阻,或将开关置于较暗的盒子中,如图 5-2-21 所示。

图 5-2-20　调试准备　　　　　　　　图 5-2-21　遮光调试

(3)接通电源,随即灯亮,待灯灭后击掌,再次灯亮,持续 1 min 左右后,电子开关断开,灯灭。

(4)去除遮盖光敏电阻的黑胶布,重复步骤 3,灯不亮,说明该开关达到要求。

调试注意点:

①将放电路板的桌面清理干净,不能有剪断的管脚、焊渣等导体,以免引起短路。

②电路有 220 V 交流电压,通电情况下不能用手随意触碰印制电路板及元器件管脚。

6. 总装

调试达到要求后,将印制电路板装入灯头座内。安装时注意话筒和光敏电阻对着壳体有镂空的地方,便于接收光和声音信号。印制板用螺钉固定,后盖卡进即可,如图 5-2-22 所示。至此,灯头型声光控延时开关制作全部完成。

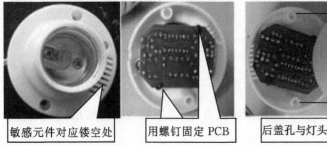
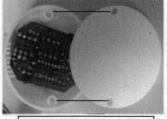

敏感元件对应镂空处　　　用螺钉固定 PCB　　　后盖孔与灯头座孔对应卡装　　　安装完成

图 5-2-22　总装

5.3　充电器的制作

5.3.1　充电器简介

本项目制作的充电器为脉冲恒流源充电器,该充电器电路简单,成本低廉,安全可靠。电路采用调节脉冲占空比大小来改变充电电流的大小,因而具有调节方便、调节范围宽的特点,且充电电压达到设定值后显示电量充满并自动停止充电。因采用脉冲恒流和自动停充装置,可以取得较好的充电效果和延长电池的寿命。电路由整流滤波电路、矩形波振荡电路、充电指示电路、恒流源电路及自动停止充电电路等部分组成。其系统框图如图 5-3-1 所示,电路图如图 5-3-2 所示。

图 5-3-1　脉冲可调恒流充电器系统框图

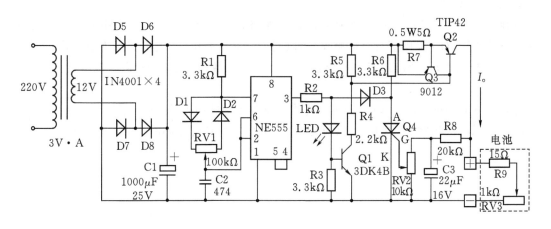

图 5-3-2　脉冲可调恒流充电器电路图

该电路的技术指标:
①脉冲频率:20~30 Hz;
② 占空比范围:3%~98%;
③ 充电电流范围:4~120 mA;
④ 停充电压值:3 V。

5.3.2　主要元器件介绍

1. 元器件清单
脉冲可调恒流充电器电路所用元器件清单如表 5-3-1 所示。

表 5 - 3 - 1　脉冲可调恒流充电器电路所用元器件清单

序　号	名　称	型号规格	位　号	数　量
1	电阻	5 Ω、15 Ω、(1/2 W)	R7、R9	各 1 只
2	电阻	1 kΩ、2.2 kΩ、20 kΩ(1/4 W)	R2、R4、R8	各 1 只
3	电阻	3.3 kΩ (1/4 W)	R1、R3、R5、R6	4 只
4	电位器	1 kΩ(102)、10 kΩ(103)、100 kΩ(104)型号 3296	RV3、RV2、RV1	各 1 只
5	电容	100 μF、474、22 μF (50 V)	C1、C2、C3	各 1 只
6	二极管	IN4148	D1～D3、D5～D8	7 只
7	二极管	LED		1 只
8	三极管	9012、TIP42、3DK4B	Q3、Q2、Q1	各 1 只
9	晶闸管	MCR100 - 6	Q4	1 只
10	集成电路	NE555		1 只
11	集成电路插座	IP8		1 只

2. 主要元器件简介

1)晶闸管 MCR100 - 6

晶闸管又称为可控硅。它是由 PNPN 四层半导体构成的元件,有三个电极——阳极 A、阴极 K 和控制极 G。晶闸管具有硅整流器件的特性,能在高电压、大电流条件下工作,且其工作过程可以控制,被广泛应用于可控整流、交流调压、无触点电子开关、逆变及变频等电子电路中。

晶闸管 MCR100 - 6 为单向晶闸管,其结构及图形符号如图 5 - 3 - 3 所示。其中,A 为阳极,K 为阴极,G 为控制极(门极)。晶闸管 MCR100 - 6 的管脚图如图 5 - 3 - 4 所示。

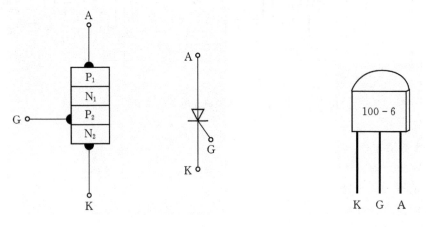

图 5 - 3 - 3　单向晶闸管结构图及图形符号　　　　图 5 - 3 - 4　晶闸管 100 - 6 的管脚图

晶闸管的工作特性如下:

(1)晶闸管承受反向阳极电压时,不管门极承受何种电压,晶闸管都处于关断状态。

(2)晶闸管承受正向阳极电压时,仅在门极承受正向电压的情况下晶闸管才导通。

（3）晶闸管在导通情况下，只要有一定的正向阳极电压，不论门极电压如何，晶闸管保持导通，即晶闸管导通后，门极失去作用。

（4）晶闸管在导通情况下，当主回路电压（或电流）减小到接近于零时，晶闸管关断。

2）集成电路 NE555

555 是一个用途很广且相当普遍的计时 IC，NE555 是属于 555 系列中的一种型号，只需少数的电阻和电容，便可产生各种不同频率的脉冲信号。

（1）NE555 的特点：

①只需简单的电阻器、电容器，即可完成特定的振荡延时作用。其延时范围极广，可由几微秒至几小时之久。

②它的操作电源电压范围极大，可与 TTL、CMOS 等逻辑电路配合，也就是它的输出电平及输入触发电平，均能与这些逻辑系列的高、低态组合。

③其输出端的供给电流大，可直接推动多种自动控制的负载。

④它的计时精确度高、温度稳定度佳，且价格便宜。

NE555 引脚图如图 5-3-5 所示。

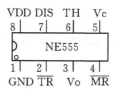

图 5-3-5　NE555 引脚图

1—地端（GND）；2—触发端（TR）；3—输出端（Vo）；4—复位端（MR）；

5—控制端（Vc）；6—阈值端（TH）；7—放电端（DIS）；8—电源端（VDD）

（2）NE555 的参数：

①供应电压为 4.5 ~18 V；

②供应电流为 3 ~6 mA；

③输出电流为 225 mA（max）；

④上升/下降的时间为 100 ns。

（3）NE555 构成矩形波振荡器的原理：

NE555 内部结构方框图如图 5-3-6 所示。555 内由两个比较器，上比较器阈值为 $2/3\ V_{DD}$，下比较器阈值为 $1/3\ V_{DD}$，一个双稳态触发器，推挽式功率输出和一个放电晶体管组成。双稳态触发电路的工作状态由比较器的输出决定：$R=0，S=0$ 时，状态不变；$R=0，S=1$ 时，置 1；$R=1，S=0$ 时，置 0；$R=1，S=1$ 时，状态不定。它的工作过程如下：

①2 脚低于 $1/3\ V_{DD}$ 时，3 脚输出高电平，状态一直保存到 6 脚出现高于 $2/3\ V_{DD}$ 的电平为止。

②2 脚高于 $1/3\ V_{DD}$，3 脚维持高电平。

③当触发信号加到 6 脚，且电位高于 $2/3\ V_{DD}$ 时，3 脚输出低电平，同时，放电极导通。

总之，只要 2 脚的电位低于 $1/3\ V_{DD}$，即有触发信号加入，3 脚定为高电平；当 6 脚的电位高于 $2/3\ V_{DD}$，同时 2 脚电位高于 $1/3\ V_{DD}$ 时，3 脚为低电平，且放电极导通。

这样周而复始就形成了连续的脉冲信号。当调节电位器时,改变了充放电的时间常数,即脉宽可调。振荡器的波形如图 5 - 3 - 7 所示。

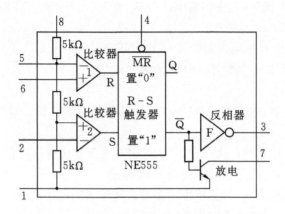

图 5 - 3 - 6 NE555 内部结构方框图

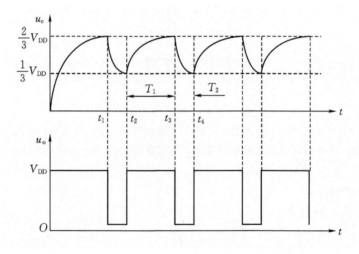

图 5 - 3 - 7 振荡器的波形图

5.3.3 电路分析

脉冲可调恒流充电器电路由整流滤波电路、矩形波振荡器、充电指示电路、恒流源电路及自动停止充电电路等部分组成,如图 5 - 3 - 8 所示。

1. 电路功能模块简介

(1)整流滤波电路由 D5 ~ D8 组成桥式整流,C1 起滤波作用。将 220 V 交流变成脉动直流电,为后续电路供电。

(2)矩形波振荡器电路:由 555 时基电路与 R1、RV1、C2、D1、D2 组成频率不变、占空比可调的矩形波振荡器。

(3)恒流源电路:Q2、Q3 管与电阻 R7 构成恒流源,可通过改变 R7 阻值来改变电流的大小。

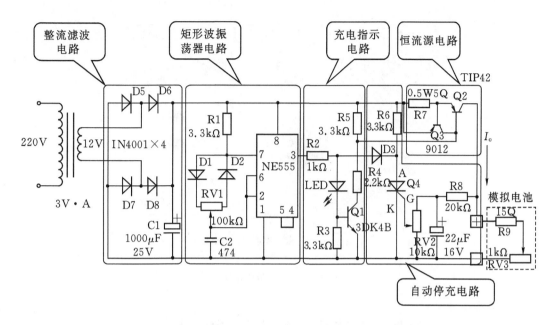

图 5 - 3 - 8　脉冲可调恒流充电器电路各模块标示图

(4) 充电指示电路: 充电指示电路的功能是利用 555 构成的振荡器与发光二极管将电路充电状态和结束充电的状态显示出来。

(5) 自动停充电路: R8、RV2、C3、Q4 管(单向可控硅)、R6 与 D3 组成停充控制电路, 当电池电压充到设定值(例如 3V)时, 能自动停止充电。C3 起滤波作用, R8 与 RV2 组成触发电压取样电路, 调节 RV2 可改变设定值, D3 起隔离及钳位作用, R6 用来提供维持可控硅导通的电流(它应大于可控硅维持电流 I_H)。

2. 电路工作过程

图 5 - 3 - 8 中 D5 ~ D8 组成桥式整流, C1 起滤波作用, 使整流输出电压较为平稳;由 555 时基电路与 R1、RV1、C2、D1、D2 组成频率不变、占空比可调的矩形波振荡器。555 输出的脉冲电压通过 R2 及 LED 管(发光二极管,用于指示进行充电)加到 Q1 管基极, 用来控制 Q1 管的导通与截止。R4 是限流电阻。Q2、Q3 管与电阻 R7 构成恒流源, 可通过改变 R7 阻值来改变电流的大小。R8、RV2、C3、Q4 管(单向可控硅)、R6 与 D3 组成停充控制电路, 当电池电压充到设定值(例如 3V)时, 能自动停止充电。C3 起滤波作用, R8 与 RV2 组成触发电压取样电路, 调节 RV2 可改变设定值, D3 起隔离及钳位作用, R6 用来提供维持可控硅导通的电流(它应大于可控硅维持电流 I_H)。图中 R3、R5 是用来减小管子的穿透电流和提高晶体管工作的稳定性。

5.3.4　安装与调试

1. 安装前检查

1) 核对各器件

对照元器件清单(见表 5 - 3 - 1), 分类清点、熟悉各元器件, 如图 5 - 3 - 9 所示。

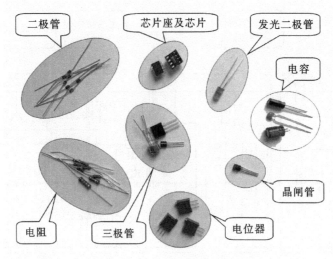

图 5-3-9 元器件核对

2)辨认元器件管脚

(1)参照图 5-3-10 所示,对照各器件实物,辨认元器件管脚。

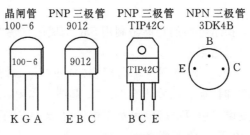

图 5-3-10 元器件管脚图

(2)正负极性的判断:

①对电解电容,管体表面有色带的一端为负极,或从引脚长短来判断,引脚长的为正极,短的为负极,如图 5-3-11 所示。

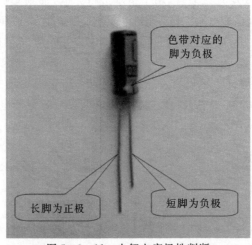

图 5-3-11 电解电容极性判断

②对于普通二极管,可以看管体表面,有色环的一端为负极,如图 5 - 3 - 12 所示。

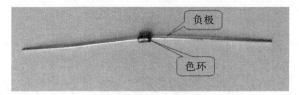

图 5 - 3 - 12　普通二极管极性判断

③LED 发光二极管正负极的辨认方法。LED 发光二极管是半导体二极管的一种,可以把电能转化成光能。在焊接 LED 发光二极管时,常常需要辨认出其正负极,因为这个步骤非常重要,关系着灯亮不亮。

封装的 LED 发光二极管正负极辨认方法有两种:

第一种,观察法。看引脚长短,引脚长的为正极,短的为负极,如图 5 - 3 - 13 所示。

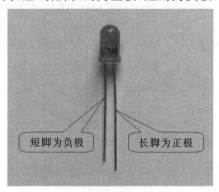

图 5 - 3 - 13　观察法判断 LED 极性

第二种,万用表检测法。用数字万用表检测发光二极管时,选用二极管挡。若表有读数,则此时红表笔所测端为二极管的正极,同时发光二极管会发光;若没有读数,则将表笔反过来再测一次;如果两次测量都没有示数,表示此发光二极管已经损坏,如图 5 - 3 - 14 所示。

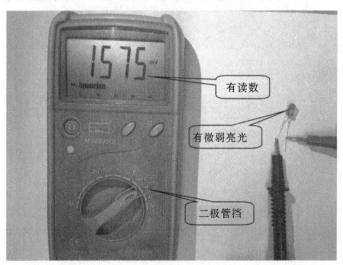

图 5 - 3 - 14　万用表检测法判断 LED 极性

印制板中通过 PCB 板上丝印来判别二极管插装方向：(a)有缺口的一端为负极；(b)有横杠的一端为负极，如图 5-3-15 所示。

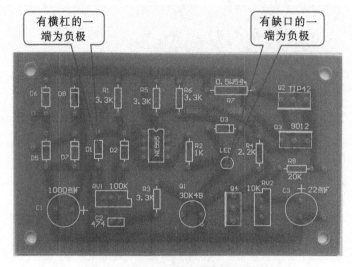

图 5-3-15　PCB 板上丝印来判别二极管极性

2. 安装顺序

在印刷电路板的元器件面插装元器件，在焊接面焊接。元器件面如图 5-3-16 所示，焊接面如图 5-3-17 所示。

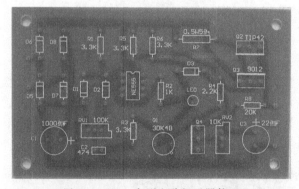

图 5-3-16　印刷电路板元器件面

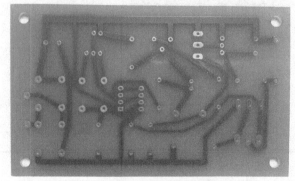

图 5-3-17　印刷电路板焊接面

在插装元器件时,按照距元器件面距离的高低,由低到高插装元器件。

(1)小功率电阻、二极管平行紧贴板面,0.5 W 的电阻应距离板面 2 mm,如图 5-3-18 所示。

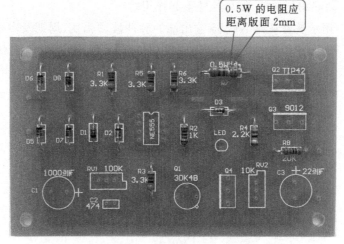

图 5-3-18　插装电阻、二极管

(2)插装集成电路芯片座及芯片、小电容、小型三极管、可控硅。如图 5-3-19 中所圈器件。

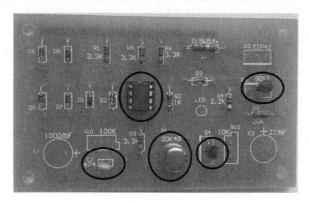

图 5-3-19　插装集成电路芯片座及芯片、小电容、小型三极管、可控硅

(3)插装大电容、电位器、发光二极管、TIP42C 三极管,如图 5-3-20 中所圈器件。

图 5-3-20　插装大电容、电位器、发光二极管、TIP42C 三极管

3. 调试

1) 调试方法

(1) 先将 RV2 动端调到地端,使可控硅不起作用。

(2) 调节 RV1,用示波器观测 NE555 输出端的脉冲波的幅度、周期及占空比的调节范围,观察指示灯,其相间亮灭的时间也随之变化,并将测试数据记录下来(测试点在 PCB 板子 R2 的上端);同时用数字万用表 DC200 mA 挡串接到充电器的输出端测试充电电流的调节范围。

(3) 将 R9(15Ω)与 RV3(1 kΩ 电位器)在面包板上串联构成模拟电池电路,并用导线与充电器电路板连接,如图 5-3-21 所示。

图 5-3-21　充电器电路与模拟电池电路连接图

(4) 调节停止充电电压值:调节 RV3,使由 15 Ω 电阻和 1 kΩ 电位器串联构成的模拟电池阻值为 30 Ω,再用数字万用表 DC20V 挡并接在充电器的输出端,调节 RV1 使输出端电压为 3 V,再缓慢调节 RV2 至可控硅触发导通,此时充电器指示的 LED 发光管熄灭。

2) 复检方法

调节 RV1 使充电电流调到最小处(即将占空比调至最小),再用一条导线将可控硅的 A 与 K 极短接一下就放开,使可控硅由导通转为截止状态,充电指示灯发亮;再调节 RV1,通过调节占空比使充电电流慢慢增大,使输出端电压随之增大。当增大至设定值时,充电指示灯立即熄灭,这表明是在设定值停止充电。

5.4　微型调频收音机(SMT)

5.4.1　微型调频收音机简介

微型调频收音机采用电调谐单片 FM 收音机集成芯片,调谐方便准确,外观如图 5-4-1 所示。该产品具有以下特点:

(1) 接收频率为 87~108 MHz。

(2) 外形小巧,便于随身携带。

(3) 电源范围 1.8~3.5 V,AAA 7 号电池 2 节。

(4) 内设静噪电路,抑制调谐过程中的噪声。

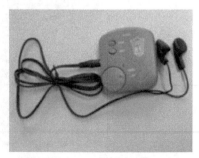

图 5-4-1　微型调频收音机

微型调频收音机对调频信号接收处理后,从耳机输出。原理框图如图 5-4-2 所示。

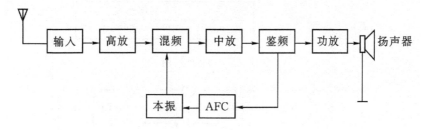

图 5-4-2 微型调频收音机工作原理框图

5.4.2 元器件介绍

微型调频收音机的电原理图如图 5-4-3 所示,该电路的核心是单片收音机集成电路 SC1088。它采用特殊的低中频(70 kHz)技术,外围电路省去了中频变压器和陶瓷滤波器,使电路简单可靠,调试方便。图 5-4-4 给出其外形图和内部原理框图,其管脚见表 5-4-1。

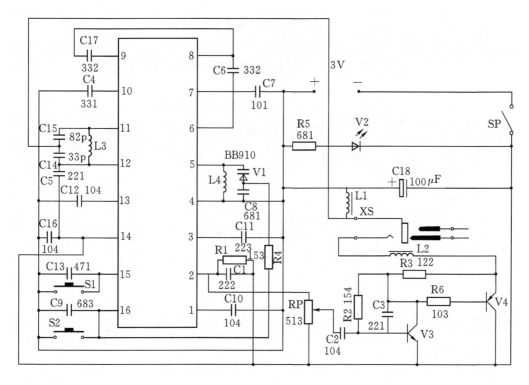

图 5-4-3 微型调频收音机原理图

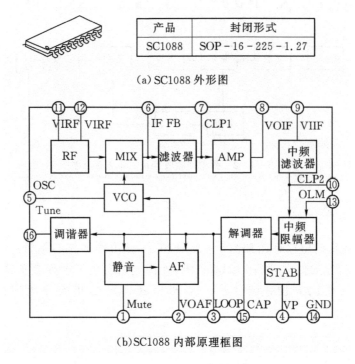

（a）SC1088 外形图

（b）SC1088 内部原理框图

图 5 - 4 - 4　FM 收音机集成芯片 SC1088

表 5 - 4 - 1　FM 收音机集成芯片 SC1088 管脚

引脚	功　能	引脚	功　能	引脚	功　能	引脚	功　能
1	静噪输出	5	本振调谐回路	9	IF 输入	13	限幅器失调电压电容
2	音频输出	6	IF 反馈	10	IF 限幅放大器的低通电容器	14	接地
3	AF 环路滤波	7	1dB 放大器的低通电容器	11	射频信号输入	15	全通滤波电容搜索调谐输入
4	V_{cc}	8	IF 输出	12	射频信号输入	16	电调谐 AFC 输出

5.4.3　电路分析

1. FM 信号输入

如图 5 - 4 - 5 所示调频信号由耳机线馈入，经 C14、C15、L1 和 L3 组成的输入电路进入 IC 的 11、12 脚。此处的 FM 信号是没有调谐的调频信号，包含所有调频电台的信号。

2. 本振调谐电路

本振电路中关键元器件是变容二极管（V1），它是利用 PN 结的结电容与偏压有关的特性制成的"可变电容"，其特性如图 5 - 4 - 6 所示。这种电压控制的可变电容广泛用于电调谐、扫频等电路。

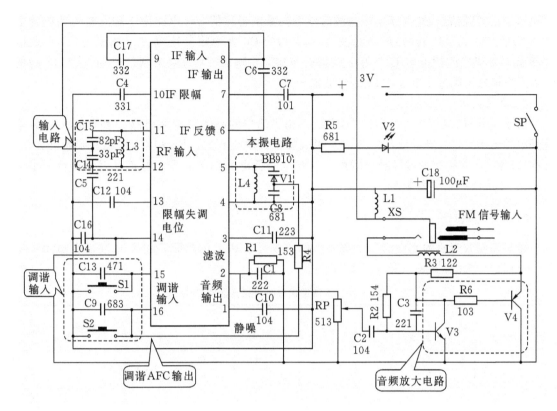

图 5-4-5　电路分析

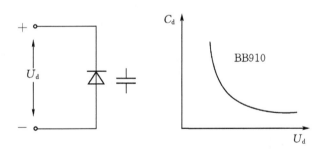

图 5-4-6　变容二极管特性

　　本电路中,控制变容二极管 V1 的电压由 IC 第 16 脚给出。当按下扫描开关 S1 时,IC 内部的 RS 触发器打开恒流源,由 16 脚向电容 C9 充电。C9 两端电压不断上升,V1 电容量不断变化,由 V1、C8、L4 构成的本振电路的频率不断变化而进行调谐。当收到电台信号后,信号检测电路使 IC 内的 RS 触发器翻转,恒流源停止对 C9 充电,同时在 AFC(Automatic Freguency Control)电路作用下,锁住所接收的广播节目频率,从而可以稳定接收电台广播,直到再次按下 S1 开始新的搜索。当按下 Reset 开关 S2 时,电容 C9 放电,本振频率回到最低端。

　　3. 中频放大、限幅与鉴频

　　电路的中频放大、限幅及鉴频电路的有源器件及电阻均在 IC 内。FM 广播信号和本振电路信号在 IC 内混频器中混频产生 70 kHz 的中频信号,经内部 1dB 放大器,中频限幅器,送到鉴频器检出音频信号,经内部环路滤波后由 2 脚输出音频信号。电路中 1 脚的 C10 为静噪电容,3 脚的 C11 为 AF(音频)环路滤波电容,6 脚的 C6 为中频反馈电容,7 脚的 C7 为低通电容,8 脚与 9 脚之间的电容 C17 为中频耦合电容,10 脚的 C4 为限幅器的低通电容,13 脚的 C12 为限幅器失调电压电容,C13 为滤波电容。

4. 音频放大

由于用耳机收听,所需功率很小,本机采用了简单的晶体管放大电路,2 脚输出的音频信号经电位器 Rp 调节电量后,由 V3、V4 组成复合管甲类放大。R1 和 C1 组成音频输出负载,线圈 L1 和 L2 为射频与音频隔离线圈。这种电路耗电大小与有无广播信号以及音量大小关系不大,不收听时要关断电源。

5.4.4　制作与调试

微型调频收音机的元件清单如表 5-4-2 所示。微型调频收音机要先进行表贴元件安装,再进行分立元件安装。安装步骤如下:

表 5-4-2　微型调频收音机元器件清单

类型	代号	规格	型号/封装	数量	备注	类型	代号	规格	型号/封装	数量	备注
电阻	R1	153	2012 (2125) RJ1/8W	1		电阻	R5	681	RJ 1/16W	1	
	R2	154		1			R6	103		1	
	R3	122		1		电感	L1			1	磁环
	R4	562		1			L2	4.7 μH		1	色环
电容	C1	222	2012 (2125)	1	或202		L3	70 nH		1	8匝
	C2	104		1			L4	78 nH		1	5匝
	C3	221		1		晶体管	V1	变容二极管	BB910	1	左脚为正
	C4	331		1			V2	发光二极管	LED	1	异形
	C5	221		1		电容	C17	332	CC	1	
	C6	332		1			C18	100 μF	CD	1	
	C7	181		1			C19	223	CC	1	
	C8	681		1		塑料件		前盖		1	
	C9	683		1				后盖		1	
	C10	104		1				电位器气(内、外)		1	
	C11	223		1				开关钮(有缺口)		1	scan 键
	C12	104		1				开关钮(无缺口)		1	reset 键
	C13	471		1		金属件		电池片(正,负,连接片)		各1	
	C14	330		1				自攻螺钉		3	
	C15	820		1				电位器螺钉(细纹)		1	
	C16	104		1		其他		印制板		1	
三极管	V3	9014	SOT-23					耳机 32 Ω×2		1	
	V4	9012						Rp(带开关电位器 51 kΩ)		1	
IC	A		SC-1088					轻触开关 S1、S2		各1	
								耳机插座 XS		1	

1. 焊膏漏印

（1）放置收音机印刷电路板。放置时将收音机电路板定位孔与丝网的定位孔对应,同时保证电路板的焊孔与丝网膜的孔一一对应,确保电路板不会移动,如图 5 - 4 - 7 所示。

（2）给丝网上涂抹焊锡膏,如图 5 - 4 - 8 所示。

图 5 - 4 - 7　将电路板定位

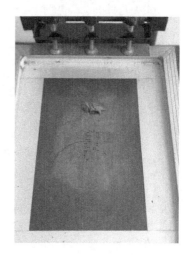

图 5 - 4 - 8　放置焊锡膏

（3）用刮刀 45°角将焊锡膏漏印在电路板上,如图 5 - 4 - 9 所示。

（4）将漏印好的电路板取出。注意:手拿在电路板大圆孔右小角边沿。不可触摸电路板上的焊锡膏,更不能倾斜和倒置,如图 5 - 4 - 10 所示。

图 5 - 4 - 9　锡膏漏印

图 5 - 4 - 10　锡膏漏印完成的电路板

2. 表贴元件安装

把电路板平放在桌面。注意:衣服袖子卷起,以防刮蹭造成电路板上的焊锡膏被涂抹。

（1）电阻、电容、三极管表贴:对照图纸用真空吸笔把贴片元件放置在电路板相应的位置。注意:电阻、电容虽没有极性,但不要放反;电阻有字面朝上;三极管不可以倒置,三个管脚应朝下,如图 5 - 4 - 11 所示。

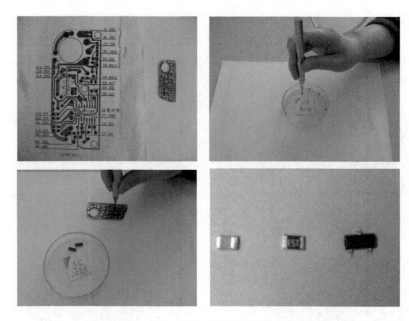

图 5 - 4 - 11　电阻、电容及三极管的表贴

（2）集成块表贴：对照图纸用真空吸笔把集成块放置在电路板相应的位置。注意：管脚起始 1 脚标识，集成块上的圆点与板子上的圆点相对应，如图 5 - 4 - 12 所示。

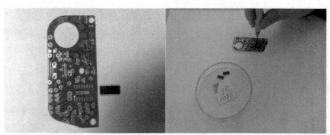

图 5 - 4 - 12　集成块的表贴

（3）将表贴好所有元件的电路板水平放在回流焊机的托架上，放入回流焊机进行焊接，如图 5 - 4 - 13 所示。将焊好表贴元件的电路板取出，再进行下一步的分立元件焊装。

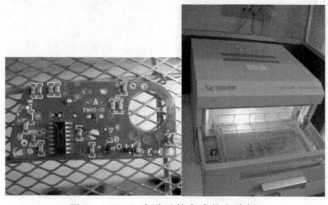

图 5 - 4 - 13　表贴元件完成的电路板

3. 分立元件焊装

（1）按照图纸跨接短接线 J1、J2。用铜丝或剪下的元件管脚腿，先进行成型，再插装在电路板上焊接，如图 5-4-14 所示。

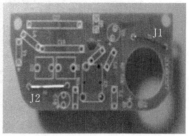

图 5-4-14　跨接短接线 J1、J2

（2）根据图纸安装电位器 R_p。注意：电位器的安装方向、各管脚的位置要与电路板焊点一一对应，电位器与电路板平齐，如图 5-4-15 所示。

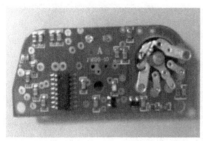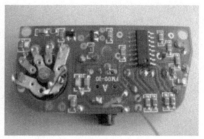

图 5-4-15　安装电位器 R_p

（3）耳机插座 XS：先插装在电路板上，然后将耳机插头插入插座中，再实施焊接，如图 5-4-16 所示。加热时间要短，快速焊接。

图 5-4-16　安装耳机插座 XS

（4）轻触开关 S1、S2：插装到电路板后，要把两个轻触开关摆放平齐，再实施焊接，如图 5-4-17 所示。

图 5-4-17　安装轻触开关 S1、S2

（5）电感线圈色环 L2 采用立式安装，先元件成型，然后插装，电感体与电路板保持 1～2 mm 的间距，再进行焊接。其他磁环 L1、8 匝线圈 L3 和 5 匝线圈 L4 插装时，元件体与电路板也保持 1～2 mm 的间距，再实施焊接，如图 5-4-18 所示。

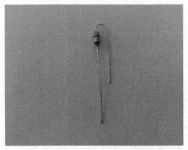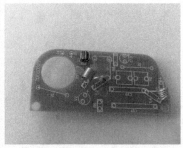

图 5-4-18　安装电感线圈色环 L2

（6）变容二极管 V1：采用立式插装，元件体与电路板保持 2～3 mm 间距，然后进行焊接。注意管脚极性，小的一面朝外，如图 5-4-19 所示。

（7）电阻 R5、R6：采用立式安装。首先电阻成型，再插装到电路板上，同时电阻体与电路板保持 1～2 mm 的间距，再实施焊接，如图 5-4-20 所示。

图 5-4-19　安装变容二极管 V1　　　　图 5-4-20　安装电阻 R5、R6

（8）电容 C17、C19：由于电路板间距较宽，先将管脚成型，然后插装到电路板上并焊接，如图 5-4-21 所示。

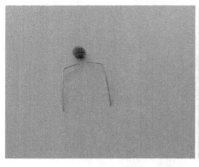

图 5-4-21　安装电容 C17、C19

(9)电解电容 C18：由于安装高度的要求，采用卧式安装并焊接。注意：管脚极性长腿为正，短腿为负，如图 5-4-22 所示。

(10)发光二极管 V2：插装时，将发光二极管插到元件腿台阶处即可。注意：安装高度，极性长腿为正，短腿为负，如图 5-4-23 所示。

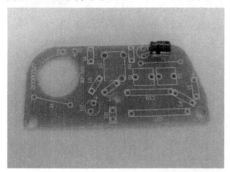

图 5-4-22　安装电解电容 C18　　　　　　图 5-4-23　安装发光二极管 V2

(11)焊接电源线 J3、J4，两个各自一头焊在电路板上，一头焊在正负极片上。注意：导线正负极颜色，红线为正，黑线为负，如图 5-4-24 所示。

(12)焊好后，最后对照图纸逐一检查焊好的电路板上的所有元件，如图 5-4-25 所示。

图 5-4-24　焊接电源线 J3、J4　　　　　　图 5-4-25　焊装完成的电路板

4. 整机调试

(1)测整机电流。在电位器开关断开的状态下装入电池，接入耳机，用万用表 200 mA(数字表)或 50 mA 挡(指针表)跨接在电位器两端测电流，如图 5-4-26 所示。用指针表时注意

表笔极性。正常电流应为 6～25 mA。注意:如果电流为零或超过 35 mA,应检查电路。

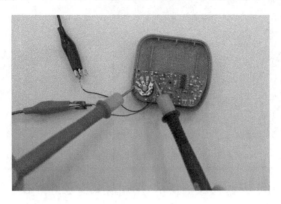

图 5-4-26 测量整机电流

(2)搜索电台广播。如果电流在正常范围,打开电源开关,按 S1(SCAN)键搜索电台广播,如图 5-4-27 所示。只要元器件质量完好,安装正确,焊接可靠,就可收到电台广播。反之,就要严格检查电路,是否有焊错、虚焊及漏焊等。

图 5-4-27 搜索电台广播

(3)调整接收频段。我国调频广播的频段范围为 87～108 MHz,调试时可找当地频率最低的 FM 电台,适当地改变 L4 的匝间距,按过 RESET 键后再按 SCAN 键,即可收到这个电台。由于 SC1088 集成度高,一般收到低端电台均可覆盖 FM 频段,无需再调高端。(可用成品 FM 收音机对照检查)

5. 整机组装

(1)将外壳面板平放到桌面上。注意不要划伤面板。

(2)将 2 个按键帽放入孔内。注意 SCAN 键帽上有缺口,放置键帽时要对准机壳上的凸起,REST 键帽上无缺口,如图 5-4-28 所示。

(3)将印制板对准位置放入外壳内。注意:

①对准 LED 位置,偏差较小时可轻轻掰动,偏差过大必须拆下重焊。

图 5 - 4 - 28　安装按键帽

②PCB 上三个孔与外壳的螺柱恰当配合。

③电源线放置不得妨碍机壳装配。

(4)固定中间螺钉,注意螺钉旋入不能太紧,如图 5 - 4 - 29 所示。

图 5 - 4 - 29　组装印制板

(5)安装电位器旋钮,注意旋钮上凹点的位置,如图 5 - 4 - 30 所示。

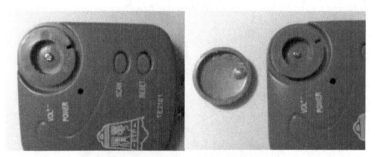

图 5 - 4 - 30　安装电位器旋钮

(6)安装后盖,旋入两边的两个螺钉。注意不可旋得太紧,如图 5 - 4 - 31 所示。

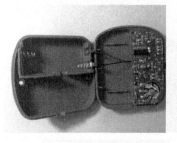

图 5 - 4 - 31　安装后盖

（7）最后插入耳机，完成调频收音机的组装，如图 5 - 4 - 32 所示。

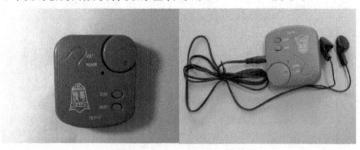

图 5 - 4 - 32　插入耳机

至此，完成 FM 收音机的制作。

5.5　电动卡通机器猫

5.5.1　电动卡通机器猫简介

电动卡通机器猫是喜爱电子类实践的同学可以制作的一种玩具类机电一体化产品。由学生完成从电路原理分析，到元器件检测、PCB 焊接、整机装配、功能测试、指标调试的全过程，达到培养同学们工程实践能力的目的。

机器猫产品外形如图 5 - 5 - 1 所示，具有机、电、声、光、磁结合的特点。当外界发出拍手声，或者用磁铁靠近猫的尾部，或者用手电筒照射猫的眼睛，机器猫均会自动行走一段距离，然后自动停下；当再次有声、光、电触发时，又会重复上述过程。

图 5 - 5 - 1　电动卡通机器猫外形图

5.5.2　目标与要求

(1)认识机器猫产品,掌握声控、光控、磁控传感器原理,了解传感器基础知识。

(2)掌握 555 定时器以及构成的单稳态触发电路的工作原理以及分析方法。

(3)掌握电路板的安装工艺。

(4)掌握产品整机装配与调试方法。

5.5.3　工作原理

1. 机器猫框图

机器猫产品基本框图如图 5-5-2 所示。

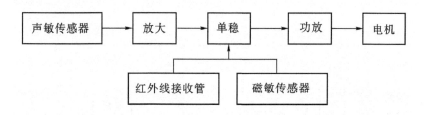

图 5-5-2　机器猫框图

2. 555 定时器介绍和 555 构成的单稳态触发电路的工作原理

1)555 定时器逻辑符号和引脚排列

555 定时器逻辑符号如图 5-5-3 所示,引脚排列如图 5-5-4 所示。

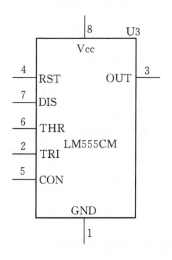

图 5-5-3　555 的逻辑符号

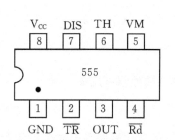

图 5-5-4　555 的引脚排列

2)555 定时器引脚功能

555 定时器引脚功能如下:

1 脚(GND):接地。

2 脚 Vi2($\overline{\text{TR}}$)(THR):低电平触发端,简称低触发端,标志为 $\overline{\text{TR}}$。

3 脚 VO(OUT):输出端。

4 脚 $\overline{\text{Rd}}$(RST):复位端。

5 脚 VM(CON):控制电压端。

6 脚 Vi1(TH):高电平触发端,简称高触发端,又称阈值端,标志为 TH。

7 脚 DIS:放电端。

8 脚 Vcc:电源。

3)555 定时器内部电路分析

555 定时器内部电路如图 5-5-5 所示,由分压器、比较器、基本 RS 触发器及开关输入输出组成。

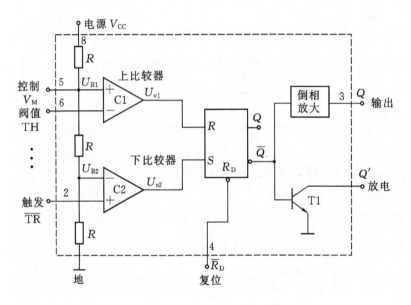

图 5-5-5　555 定时器内部电路

(1)分压器。分压器由三个等值的电阻串联而成,将电源电压 V_{CC} 分为三等分,作用是为比较器提供两个参考电压 U_{R1}、U_{R2}。若控制端 5 悬空或通过电容接地,则

$$U_{\text{R1}} = \frac{2}{3}V_{\text{CC}}, \quad U_{\text{R2}} = \frac{1}{3}V_{\text{CC}}$$

若控制端 5 外加控制电压 u_{S},则

$$U_{\text{R1}} = u_{\text{S}}, \quad U_{\text{R2}} = \frac{1}{2}u_{\text{S}}$$

(2)比较器。比较器是由两个结构相同的集成运放 C1 和 C2 构成的。C1 用来比较参考电压 U_{R1} 和高电平触发端电压 U_{TH}:当 $U_{\text{TH}} > U_{\text{R1}}$ 时,集成运放 C1 输出 $U_{o1} = 0$;当 $U_{\text{TH}} < U_{\text{R1}}$ 时,集成运放 C1 输出 $U_{o1} = 1$。C2 用来比较参考电压 U_{R2} 和低电平触发端电压 U_{TR}:当 $U_{\overline{\text{TR}}} > U_{\text{R2}}$ 时,集成运放 C2 输出 $U_{o2} = 1$;当 $U_{\overline{\text{TR}}} < U_{\text{R2}}$ 时,集成运放 C2 输出 $U_{o2} = 0$。

（3）基本 RS 触发器。当 $RS=01$ 时，$Q=0$，$\overline{Q}=1$；当 $RS=10$ 时，$Q=1$，$\overline{Q}=0$；当 $RS=00$ 或 $RS=11$ 时，保持不变。

（4）开关及输出。放电开关由一个晶体三极管组成，称其为放电管，其基极受基本 RS 触发器输出端 $\overline{Q}$ 控制。当 $\overline{Q}=1$ 时，放电管导通，放电端 Q' 通过导通的三极管为外电路提供放电的通路；当 $\overline{Q}=0$ 时，放电管截止，放电通路被截断。

4）555 定时器的功能表

555 定时器的功能表如表 5-5-1 所示。

表 5-5-1　555 定时器的功能表

$U_{\overline{R}_D}$	U_{TH}	$U_{\overline{TR}}$	R	S	Q	$\overline{Q}$	输　出	放　电
0	×	×	×	×	×	×	0	与地导通
1	$>2/3V_{CC}(1)$	$>1/3V_{CC}(1)$	0	1	0	1	0	与地导通
1	$<2/3V_{CC}(0)$	$>1/3V_{CC}(1)$	1	1	×	×	保持原状态 不变	保持原状态 不变
1	$<2/3V_{CC}(0)$	$<1/3V_{CC}(0)$	1	0	1	0	1	与地断开

5）555 构成的单稳态触发电路的工作原理

用 555 定时器组成的单稳态触发器电路及其工作波形如图 5-5-6 所示。

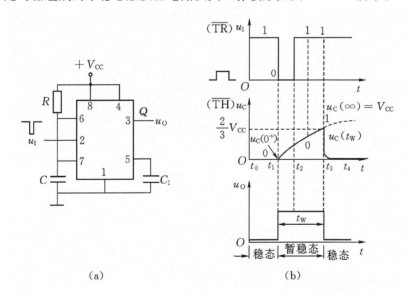

(a)　　　　　　　　　　(b)

图 5-5-6　单稳态触发电路及其工作波形

工作原理如下：

（1）$t_0 \sim t_1$ 稳态。输入脉冲信号 u_I，加在置位控制输入端 2 号引脚上，平时为高电平。在电路接通电源后，有一个进入稳态过程，即电源通过 R 向电容 C 充电。当其上电压 $u_C \geqslant 2/3V_{CC}$ 时，则 6 号引脚状态为 1，而 u_I 的 2 号引脚状态也为 1，则输出为 0，放电管 T 导通，电容上电压 u_C 通过 7 号引脚放电，使 6 号引脚状态变为 0，则输出不变，仍为 0，电路处于稳定状态。

（2）t_1～t_2 暂稳态。在 t_1 时刻，输入 u_1 为下降沿触发信号，2 号引脚状态为 0，而 6 号引脚状态仍为 0，这时电路输出发生翻转为 1，放电管 T 截止，电容开始充电，电路进入暂稳态。此后，在 t_2 时刻，电容电压还未充到 $2/3V_{CC}$，输入 u_1 必须由 0 变为 1，故 6 号、2 号引脚状态在 t_1～t_3 为 0、0 和 0、1，输出一直为 1，放电管处于截止状态。

（3）t_3 时刻恢复稳态。在 t_3 时刻，电容上电压被充到 ≥$2/3V_{CC}$时，这时 6 号、2 号引脚状态为 1、1，使输出由 1 翻转为 0，暂稳态结束，电路又恢复稳态。这时放电管 T 导通，u_C 立即快速放电，使 6 号、2 号引脚状态为 0、1，输出维持不变，为 0 态，电路处于稳态。

综上所述，单稳态触发器电路平时（即触发信号未到来时）总是处于一种稳定状态。在外来触发信号的作用下，它能翻转成新的状态。但这种状态是不稳定的，只能维持一定时间，因而称之为暂稳态（简称暂态）。

暂态时间结束，电路能自动回到原来状态，从而输出一个矩形脉冲。由于这种电路只有一种稳定状态，因而称之为单稳态触发器，简称"单稳电路"或"单稳"。单稳电路的暂态时间的长短 t_w，与外界触发脉冲无关，仅由电路本身的耦合元件 RC 决定，因此称 RC 为单稳电路的定时元件。

$$t_w = RC\ln3 \approx 1.1RC$$

3. 机器猫工作原理

机器猫原理如图 5-5-7 所示。

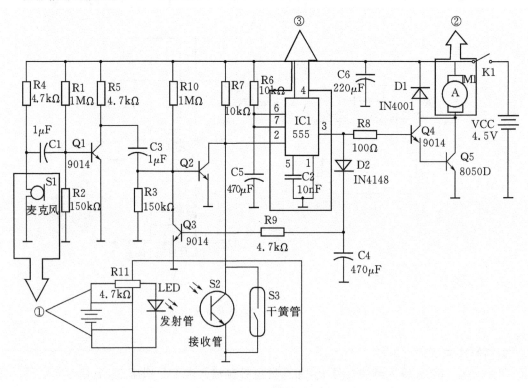

图 5-5-7　机器猫原理图

①—信号检测传感器；②—执行机构马达；③—主控制集成电路

　　该装置主要由声控检测电路、光控检测电路、磁控检测电路、触发电路、单稳态电路、开关组成。利用 555 构成的单稳态触发器,在三种不同的控制方法下,均给以低电平触发,促使电机转动,从而达到了机器猫停—走的目的。即:拍手即走、光照即走、磁铁靠近即走,但都只是持续一段时间后就会停下,再满足其中—条件时将继续行走。

　　麦克风 S1,接收声控信号,其中 R4 为麦克风提供工作电压,C1 为耦合电容提供交流通路;S2 为红外接收管,接收红外信号;S3 为干簧管,接收磁控信号;R、LED、V 为红外发射装置,发射红外信号;R1、R2、R5、Q1 为交流小信号放大电路,C3 为耦合电容提供交流通路;R3、R7、R10、Q2 为开关电路,提供 555 芯片 IC1 的 2 脚输入脉冲;R6、C5 为单稳电路的定时元件;C2 为控制端 5 接地电容;C6 为电源滤波电容;R8、Q4、Q5、M1 为负载输出电路;D1 为续流二极管,保护 M1;D2、C4、R9、Q3 为稳态期间防止第二个脉冲进入;K1、VCC 为整机提供 4.5 V电源。

　　声敏元件麦克风 S1 与电阻 R1、R2,组成声敏取样电路,主要是将声信号转变为电信号,为单稳态电路提供触发信号。光敏三极管、干簧管可以将光信号、磁场信号转变为电信号,为单稳态电路提供触发信号。

　　平时,声敏元件 S1 没有声音激发时,其导电率很低,且呈高阻抗,使得 Q1 反偏截止,电源通过 R10 加在 Q2 的基极上,Q2 截止。这样,IC1 的 2 脚输入高电平,处于复位状态,3 脚输出低电平,M1 关断,则电机没有工作,机器猫保持静止状态。

　　当声敏元件麦克风 V1 处在一定的声波之中时,其内部会产生一系列电子密度的变化,因而麦克风 V1 电阻变得很小。这时,声波检测信号通过 C1 直接耦合到 Q1 的基极上而导通,并且反向,再通过 C3 直接耦合到 Q2 的基极,与通过 R10 的电压叠加变成高电平,Q2 导通,使得 ICI 等元件组成的单稳态电路 2 脚输入从高电平跳变为低电平,IC1 被触发翻转,3 脚输出高电平,M1 开通,电动机开始工作,机器猫便开始行走了,同时行走的时间将延长到单稳态触发器的延时时间。

　　当 IC1 的 3 脚输出高电平可以带动电机工作的同时,D2 被导通,将直接加到 Q3 的基极上,Q3 被导通,进而 Q2 被截止,IC1 的 2 脚输入由低电平跳为高电平。IC1 处于复位状态。

　　由于声波的延续,声敏元件麦克风 V1 连续不断地受到声波的作用,则 IC1 的 2 脚会不断得到触发,3 脚持续输出高电平,这时该电路将一直驱动电机 M1 工作,机器猫会持续行走,直到声波消失。

　　当光敏三极管或干簧管被激发时,它们可以直接将光信号、磁信号转变为电信号,使得IC1 等元件组成的单稳态电路 2 脚由高电平跳变为低电平,从而 IC1 被触发翻转,3 脚输出高电平,M1 开通,电动机开始工作,机器猫便开始行走了,同时行走的时间将延长到单稳态触发器的延时时间。

　　当 IC1 的 3 脚输出高电平可以带动电机工作的同时,D2 被导通,将直接加到 Q3 的基极上,Q3 被导通,进而 Q2 被截止,IC1 的 2 脚输入由低电平跳为高电平。IC1 处于复位状态。由于光信号、磁信号的延续,光敏接收管和干簧管连续不断地受到光信号、磁信号的作用,则IC1 的 2 脚会不断得到触发,且 3 脚持续输出高电平,这时该电路将一直驱动电机 M1 工作,机器猫会持续行走,直到光信号或磁信号消失为止。

5.5.4 焊接与安装

1. 机器猫产品的元器件清单

全部元器件清单见表 5 - 5 - 2。

表 5 - 5 - 2 元器件清单

序号	代号	名称	型号及规格	数量	外形图	检验
1	R1,R10	电阻	1 MΩ	2		
2	R2,R3	电阻	150 kΩ	2		
3	R4,R5,R9	电阻	4.7 kΩ	3		
4	R6,R7	电阻	10 kΩ	2		
5	R8	电阻	100 Ω	1		
6	C1,C3	电解电容	1 μF/10 V	2		
7	C2	瓷片电容	10 nF	1		
8	C4	电解电容	47 μF/16 V	1		
9	C5	电解电容	470 μF/10 V	1		
10	C6	电解电容	220 μF/10 V	1		
11	D1	二极管	IN4001	1		
12	D1	稳压二极管	IN4148	1		
13	Q1,Q2,Q3	三极管	9014(NPN)	3		
14	Q2	三极管	9014D(NPN)	1		
15	Q5	三极管	8050D(NPN)	1		
16	IC1	集成电器	555	1		
17	S1	声敏传感器	6050P	1		

续表 5 - 5 - 2

序号	代号	名称	型号及规格	数量	外形图	检验
18	S2	红外接收管	PH303	1		
19	S3	磁敏传感器	MKA14103	1		
20	JX	连接线	Φ0.12:70 cm J1～J4:10 cm J5、J6:15 cm	1		
21		屏蔽线	15 cm	1		
22		热塑套管	3 cm	1		
23		外壳 (含电动机)		1		
24		线路板	82 mm×55 mm	1		

2. 机器猫主控制板 PCB 顶面

顶面也叫元件面,是通过丝印的方式制做到 PCB 板上的,故又叫丝印图,图中详细标出了每个元件的安装位置,以及有极性元件的"＋"、"－"方向,如图 5 - 5 - 8 所示。

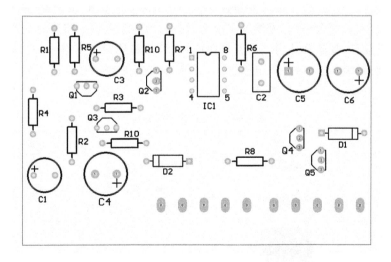

图 5 - 5 - 8　机器猫主控制板 PCB 顶层丝印图

3. 机器猫主控制板 PCB 底面

底面又叫焊接面,如图 5 - 5 - 9 所示。

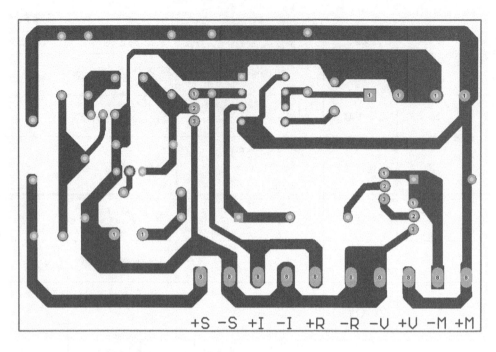

图 5-5-9　机器猫主控制板 PCB 底面图

4. 印制板装配与焊接

印刷电路板装配工艺分为印制板和元器件检查、元器件引线成型、元器件插装、印制电路板的焊接、焊后检查。

检查图形、孔位、孔径、印制板尺寸是否符合图纸要求,有无断线、短路、缺孔等现象,丝印是否清晰,表面处理是否合格,有无绝缘层脱落、划伤、污染或变质。印制板是否有严重变形。

检查元器件品种、规格及外封装是否与图纸吻合,元器件的数量是否与文件相符,元器件的引线有无氧化、锈蚀。自制件(如电感、变压器等)的引线是否已去除氧化层。

全部元器件安装前必须进行测试,见表 5-5-3。

表 5-5-3　元器件检测表

元器件名称	图　形	测试内容及要求
电阻		阻值是否合格
二极管		正向导通,反向截至。极性标志是否正确(注:有色环的一边为负极性)
三极管		判断极性及类型:8050、9014(D)为 NPN 型,β 值大于 200

续表 5 - 5 - 3

元器件名称	图　形	测试内容及要求
电解电容	负　正	是否漏电,极性是否正确 漏电流小,极性正确
光敏三极管 (红外接收管)	C　E 三极管	由两个 PN 结组成,它的发射极具有光敏特性。它的集电极则与普通晶体管一样,可以获得电流,但基极一般没有引线。光敏三极管有放大作用,如右图所示。当遇到光照时,C、E 两极导通。测量时红表笔接 C
干簧管 (舌簧开关)	惰性气体　玻璃封壳　引线脚 N　S	由一对磁性材料制造的弹性舌簧组成,密封于玻璃管中,舌簧端面互叠留有一条细间隙,触点镀有一层贵金属,使开关具有稳定的特性和延长使用寿命。当恒磁铁或线圈产生的磁场施加于开关上时,开关两个舌簧磁化。若生成的磁场吸引力克服了舌簧的弹性产生的阻力,舌簧被吸引力作用接触导通,即电路闭合。一旦磁场力消除,舌簧因弹力作用又重新分开,即电路断开。我们所用的干簧管属常开型
麦克风 (声敏传感器)		将感应到的声音或振动转化为电信号,外围负极,用屏蔽线焊接

　　电子产品中常用的一般电子元器件有电阻、电容、半导体二极管、半导体三极管等。这些元器件插装到印刷电路板前,一般都要将引线弯曲成型。元器件引线的弯曲成型的要求取决于元器件本身的封装外形和印制板上的安装位置,有时也因整个印制板安装空间限定了元件安装的位置。

　　按元器件安装方法如图 5 - 5 - 10 所示,将元器件焊接至 PCB 上,注意二极管、三极管及电解电容的极性。

　　(a)三极管　　　　　(b)电解电容　　　　(c)二极管、电阻

图 5 - 5 - 10　元器件安装方法

5. 安装焊接后检查

根据装配图检查各元件的规格是否正确,电解电容、二极管的极性正确与否,三极管 e、b、c 有无插错,有无虚焊、漏焊或其他焊接不良。图 5-5-11 及图 5-5-12 分别是空印刷电路板正面图和元件全部装焊好的电路板正面图。

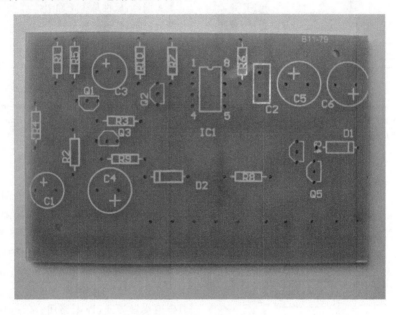

图 5-5-11 空印刷电路板正面

上图中 R1~R10 以及 D1~D2 采取卧式焊装,C2、C3、C5、C6 采取立式焊装。C1、C4 因机壳内空间限制,也需卧式焊装。

图 5-5-12 元件全部装焊好的电路板正面

5.5.5 整机装配与调试

在连线之前,应将机壳拆开,避免烫伤及其他损害,并保存好机壳和螺钉。注意:电机不可拆!

按如下步骤安装机器猫:

(1)电动机:打开机壳,电动机(黑色)已固定在机壳底部。电动机负极与电池负极有一根连线,改装电路,将连在电池负极的一端焊下来,改接至线路板的"电动机-"(M-),由电动机正端引一根线 J1 到印制板上的"电动机+"(M+)。音乐芯片连接在电池负极的那一端改接至电动机的负极,使其在猫行走的时候才发出叫声。

(2)电源:由电池负极引一根线 J2 到印制板上的"电源-"(V-)。"电源+"(V+)与"电机+"(M+)相连,不用单独再接。

(3)磁控:由印制板上的"磁控+、-"(R+、R-)引两根线 J3、J4,分别搭焊在干簧管(磁敏传感器)两腿,放在猫后部,应贴紧机壳,便于控制。干簧管没有极性。

(4)红外接收管(白色):由印制板上的"光控+、-"(I+、I-)引两根线 J5、J6 搭焊到红外接收管的两个管腿上,其中一条管腿套上热缩管,以免短路,导致打开开关后猫一直走个不停。红外接收管放在猫眼睛的一侧并固定住。应注意的是:红外接收管的长腿应接在"I-"上。

(5)声控部分:屏蔽线两头脱线,一端分正负(中间为正,外围为负)焊到印制板上的 S+、S-;另一端分别贴焊在麦克风(声敏传感器)的两个焊点上,但要注意极性,且麦克易损坏,焊接时间不要过长。焊接完后,麦克风安在猫前胸。

(6)通电前检查元器件焊接及连线是否有误,以免造成短路,烧毁电机发生危险。尤其注意在装入电池前测量"电源-"(V-),"电源+"间是否短路,并注意电池极性。

(7)静态工作点参考值见表 5-5-4。

表 5-5-4 静态参考电压表

代号	型号	静态参考电压		
		E	B	C
Q1	9014	0 V	0.5 V	4 V
Q2	9014D	0 V	0.6 V	3.6 V
Q3	9014	0 V	0.4 V	0.5 V
Q4	9014	0 V	0 V	4.5 V
Q5	8050D	0 V	0 V	4.5 V
IC1	555	1:0 V	2:3.8 V	3:0 V
		4:4.5 V	5:3 V	6:0 V
		7:0 V	8:4.5 V	

(8)组装:简单测试完成后再组装机壳,注意螺钉不宜拧得过紧,以免塑料外壳损坏。

电路板和各感应部件的放置遵循以下思路:

①干簧管放在猫后部,贴紧机壳,便于磁感应。

②红外接收管通过钻孔放在猫胸前,便于感受光照。

③麦克的放置要求不多,这点由声音的传导性质决定。

完成了上述步骤后,不能先通电,应先检查元器件焊接及连线是否有误,以免造成短路。检测通过之后,方可进行封装。装好后,分别进行声控、光控、磁控测试,均有"走—停"过程即算合格。

如某部分功能不正常,可拆开机壳,有针对性地检查电路和焊接。一般来讲,基本器件的焊接只要细心仔细,不会出现错误,最可能的错误来自于导线连接的错位和器件极性倒置,应重点检查。检查时,可使用万用表探测电位加速诊断。

5.6　音频功率放大器

5.6.1　音频功率放大器简介

音频功率放大器,简称功放,俗称扩音机。

功放的作用就是把来自音源或前级放大器的弱信号放大,推动音箱发声。一套良好的音响系统功放的作用功不可没。

按照使用元器件的不同,功放又有胆机(电子管功放)、石机(晶体管功放)、IC功放(集成电路功放)。近年来由于新技术,新概念在胆机中的使用,电子管这个古老的真空器件又大放异彩。IC功放由于它的音色比不上上两种功放,所以在 HI-FI 功放中很少看到它的影子。

很多情况下,主机的额定输出功率不能胜任带动整个音响系统的任务,这时就要在主机和播放设备之间加装功率放大器来补充所需的功率缺口,而功率放大器在整个音响系统中起到了组织、协调的枢纽作用,在某种程度上主宰着整个系统能否提供良好的音质输出。

这类音频放大的典型应用电路,由一块 TDA2030 和较少元件组成。该装置调整方便,性能指标好。特别是集成块内部设计有完整的保护电路,能自我保护。

TDA2030 是一块性能十分优良的功率放大集成电路,其主要特点是上升速率高,瞬态互调失真小。在目前流行的数十种功率放大集成电路中,规定瞬态互调失真指标的仅有包括 TDA2030 在内的几种。瞬态互调失真是决定放大器品质的重要因素,是该集成功放的一个重要优点。

TDA2030A 的内部电路如图 5-6-1 所示,主要由差动输入级、中间放大级、互补输出级和偏置电路组成。

TDA2030A 的外形及管脚排列如图 5-6-2 所示。

根据掌握的资料,在各国生产的单片集成电路中,输出功率最大的不过 20 W,而 TDA2030 的输出功率却能达 18 W,若使用两块电路组成 BTL 电路,输出功率可增至 35 W。另一方面,大功率集成块由于所用电源电压高、输出电流大,在使用中稍有不慎往往致使损坏。然而在 TDA2030 集成电路中,设计了较为完善的保护电路,一旦输出电流过大或管壳过热,集成块能自动地减流或截止,使自己得到保护(当然这保护是有条件的,我们决不能因为有保护功能而不适当地进行使用)。

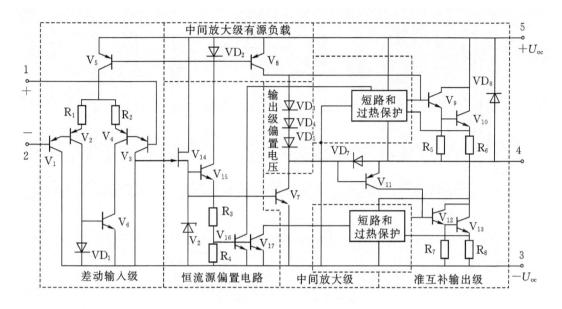

图 5 - 6 - 1　TDA2030A 集成功放的内部电路

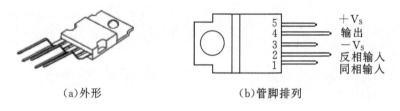

（a）外形　　　　　　　　（b）管脚排列

图 5 - 6 - 2　TDA2030A 的外形及管脚排列

5.6.2　应用电路

1. 电路组成

本立体声功率放大器所用的核心芯片是国际通用高保真音频功率放大集成电路 TAD2030A。电路由两部分组成：直流稳压电源和左右声道的功率放大器。

2. 直流稳压电源

本电路所采用的直流稳压电源是由 MC7815 和 MC7915 型号的集成稳压器芯片组成的具有同时输出＋15 V、－15 V 电压的稳压电路。该电路对称性好，温度特性也近似一致。电源输出端接有保护二极管 D3 和 D4。图 5 - 6 - 3 为直流稳压电源原理图。

3. 左右声道功率放大器

左右声道功率放大器原理如图 5 - 6 - 4，电路中自带了简易供电电源。

由于左右声道是对称的，因此我们只用分析其一，此处以分析右声道为例。如图 5 - 6 - 4 所示，LED 和 R19 组成电源指示电路，以指示电源是否正常工作。C10 是输入耦合电容，在信号输入端口中，作用是隔离直流噪声。这个电容是工作在信号源旁，直接接入输入端，因而需要一个较高的击穿电压的电容，而且电容的取值不能太大，故而定为 10 μF。

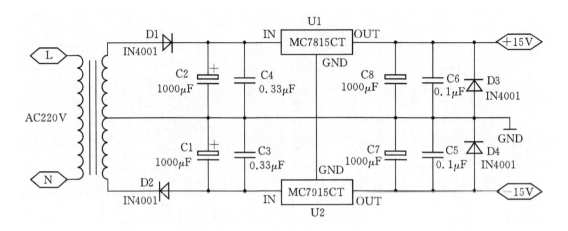

图 5-6-3 直流稳压电源原理图

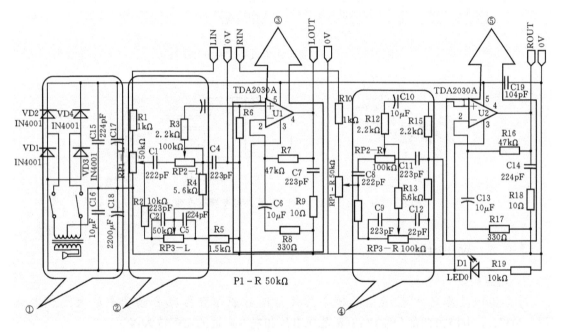

图 5-6-4 左右声道功率放大器原理图
①—电源部分；②，④—音频调理部分；③，⑤—音频放大部分

R15 是 TDA2030 同向输入端偏置电阻。R16 和 R17 决定了该电路交流负反馈的强弱及闭环增益。该电路闭环增益为

$$(R_{16} + R_{17})/R_{17} = (47000 + 330)/330 = 143.42 \ 倍$$

C15 和 C16 为电源高频旁路电容，防止电路产生自激振荡。C14 和 R18 组成补偿网络，用以在电路接有感性负载扬声器时，保证高频稳定性。R10 是一个起到限流作用的电阻，使输入信号不会过大。滑动变阻器 RP1-R 可以改变输入信号大小，起调节音量的作用。进入下一个就是高低频的选频网络，其一是通过电容 C8 和 C11 可以起到选择高频、消去低频和直流的作用，再通过另外一个滑动变阻器 RP2-R 调节电路中的高频作用效果，从而起到调节高音

的效果;另外一条路线由于只接了一个电阻 R11,可以通直流电流及低频交流电流。由于 C9 和 C12 起消去低频中高频的作用,高频信号会消失,从而起到选择低频的效果;因为滑动变阻器 RP3 - R,故而可以调节低音。

5.6.3 主要元器件介绍

主要元器件清单见表 5 - 6 - 1。

表 5 - 6 - 1 主要元器件清单

代 号	名 称	型号及规格
VD1、VD2、VD3、VD4	低频整流二极管	IN4001
C15、C16、C17、C18	电源滤波电容	224 pF、10 μF、2200 μF
C3、C10	音频耦合电容	10 μF
RP1 - L、RP1 - R		
RP2 - L、RP2 - R	调节电位器	50 kΩ、100 kΩ
RP3 - L、RP3 - R		
U1、U2	主功率放大集成电路	TD2030A
D1	电源指示灯	LED

5.6.4 印制板装配与焊接

印刷电路板装配工艺分为:印制板和元器件检查、元器件引线成型、元器件插装、印制电路板的焊接、焊后检查。

检查图形、孔位、孔径、印制板尺寸是否符合图纸要求,有无断线、短路、缺孔等现象,丝印是否清晰,表面处理是否合格,有无绝缘层脱落、划伤、污染或变质。印制板是否有严重变形。

检查元器件品种、规格及外封装是否与图纸吻合,元器件的数量是否与文件相符,元器件的引线有无氧化、锈蚀。

功放板 PCB 顶面如图 5 - 6 - 5 所示。该图标示了功放板所有元器件的插装位置,以及有极性的元件的"+"、"-"极性方向。

功放板 PCB 底面如图 5 - 6 - 6 所示。

印刷电路板的布局及走线设计最大限度地降低了系统的高、低频干扰。

装焊好的双声道音频功放主板如图 5 - 6 - 7 所示。

焊装过程中,应注意以下几点:

(1)元器件的焊装顺序是由低到高、由小到大、由中间到四边。比如,先装卧式电阻、卧式二极管、稳压管,再装比它们高一点的瓷片电容、LED、保险管等,接着装比它们更大的电位器及带着散热器的集成电路。

(2)烙铁尖上有锡渣时在焊锡棉上擦掉,焊锡棉要清洗干净,使用时要保持湿润。

(3)标准的焊点呈锥形,焊锡要适量,表面有光泽、光滑、清洁。

(4)常见的不良焊点有虚焊、假焊、漏焊、锡球、锡尖。

(5)烙铁使用后必须放在烙铁架上,不允许传递,防止意外烫伤。

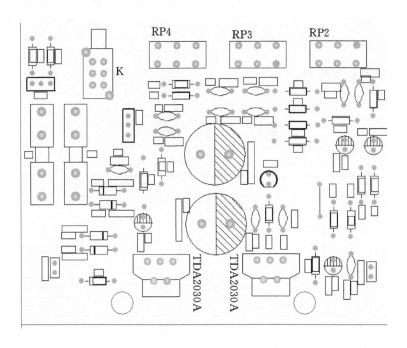

图 5-6-5 功放板 PCB 顶面

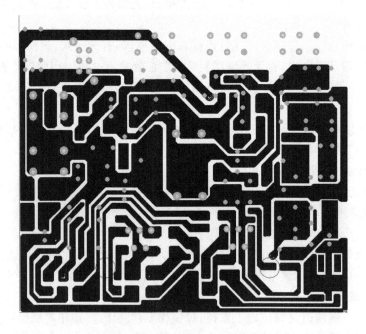

图 5-6-6 功放板 PCB 底面

图 5-6-7 装焊好的主板图

5.6.5 调试与检修

1. 调试

1) 静态工作点测试

将焊装好元器件的 PCB 板接上电源变压器(次级为双 12 V),不带负载情况下接通电源,按下电路板上电源开关,测试滤波电容两端输出电压应分别为±15 V 左右。若出现异常,应该立即断电。

2) 最大输出功率测试

将 8 Ω 负载(滑线电阻器)接入功率输出端。再将信号源调至频率为 1000 Hz,输出电压为 1 V,接到音频放大器的一个声道输入端。将音调调节电位器调到最大。功率输出端接上示波器、毫伏表、失真度仪。接线图如图 5-6-8 所示。

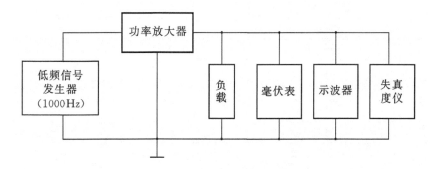

图 5-6-8 输出功率测试电路连接图

调节音量电位器,使输出信号失真度 THD=3%时,测出功率放大器的输出电压值,计算放大器的最大输出功率。另一个声道测试方法相同。

3)音乐试听

在功率调试正常后,接上音乐信号源,试听音量和音调电路对音乐的调节效果。调节左右声道的音调电位器,能够听到高低音调的声音有明显的提升和衰减。

2.检测过程

(1)电路板焊接完成后,按照电路图从头到尾检查一遍,确认是否有焊点接错。

(2)按照信号输入顺序连接各个端口。

(3)连接信号源,此处我们选择用 mp4 播放的音频信号。

(4)直流稳压电源连接 220 V 市电,确认无误后打开电源开关。

(5)检测输出端扬声器是否发声。

5.7　基于 ARM 的智能家居

5.7.1　控制系统简介

通过搭建小型智能家居控制系统,实现蓝牙和语音两种方式智能控制灯、风扇及电磁锁的工作。

基于 ARM 的智能家居系统由控制板和控制对象构成,包括控制板程序编写和控制对象制作两部分。控制板采用 STM32F103ZET 核心板,控制对象由灯、风扇、电磁锁、继电器组成,控制板和控制对象利用杜邦线连接。

5.7.2　控制系统实现步骤

系统所需构成如表 5-7-1 所示。

表 5-7-1　系统构成清单

序　号	名　称	型号规格	数　量
1	继电器模块	2 路,5 V	1 个
2	电阻	100Ω	1 个
3	发光二极管	5 mm	1 个
4	直流风扇	12 V	1 个
5	电磁锁	12 V	1 个
6	插针		1 排
7	万能板	9 cm×15 cm	1 块
8	导线		若干
9	螺丝		若干
10	ARM 核心板	STM32F103ZET	1 块
11	蓝牙模块	HC-05	1 个
12	语音模块	微雪	1 个
13	杜邦线		若干

步骤如下：

1. 控制对象电路搭建

搭建简单的控制对象电路，控制对象包括 LED 灯、风扇和电磁锁。具体过程如下：

1）准备好万能板

基础知识：万能板是一种预制电路板，这种板子按照标准 IC 间距（2.54 mm）布满焊盘，可根据需求插装元器件及连线。万能板分为两种，一种焊盘各自独立，另一种多个焊洞连接在一起。这里使用的是焊盘各自独立的单面板，分有铜箔的一面和无铜箔（安装元件面）的一面，电子元件从无铜箔的这一面插入，焊接在另一面的铜箔上。万能板可根据使用大小裁切所需的尺寸。准备好的万能板如图 5-7-1 所示。

图 5-7-1　准备好的万能板

2）元器件焊装

电路连接原理如图 5-7-2 所示，图 5-7-3 中给出了用到的主要元器件。元器件的焊装过程为：

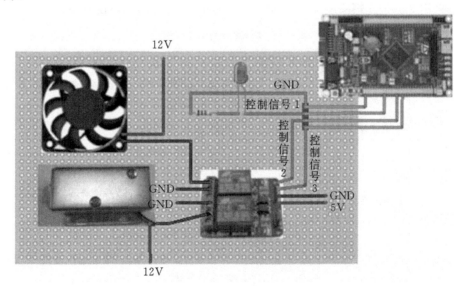

图 5-7-2　电路连接原理

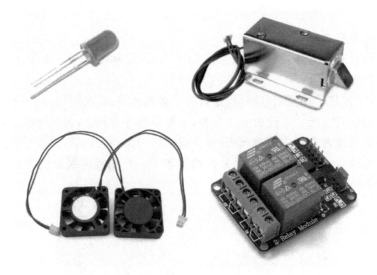

图 5-7-3　所用元器件

(1)焊接 LED 灯和电阻,焊接插针。

(2)固定继电器、风扇和电磁锁。

(3)焊接所需的连线;并将电磁锁引线、风扇引线及控制信号线连到继电器的相应位置,用螺钉拧紧固定。

(4)将电源连到控制对象电路板。

基础知识:

LED 灯由 ARM 板输出的控制信号 1 控制,风扇由 ARM 板输出的控制信号 2 通过继电器控制,电磁锁由 ARM 板输出的控制信号 3 通过继电器控制;风扇和电磁锁均为 DC12V 供电;继电器采用 2 路带光耦隔离继电器模块,DC5V 供电,继电器端口说明如表 5-7-2 所示。

表 5-7-2　继电器端口说明

输入端口名称	功　能	输出端名称	功　能
DC+	接电源正极	NO1	1 路继电器常开接口,继电器吸合前悬空,吸合后与 COM1 短接
DC-	接电源负极	COM1	1 路继电器公用接口
IN1	1 路信号触发端	NC1	1 路继电器常闭接口,继电器吸合前与 COM1 短接,吸合后悬空
IN2	2 路信号触发端	NO2	2 路继电器常开接口,继电器吸合前悬空,吸合后与 COM2 短接
		COM2	2 路继电器公用接口
		NC2	2 路继电器常闭接口,继电器吸合前与 COM2 短接,吸合后悬空

实物连接结果如图 5-7-4 所示。

图 5 - 7 - 4 实物连接图

2. 控制板程序编写及线路连接

控制板型号为 STM32F103ZET 核心板,外观如图 5 - 7 - 5 所示。

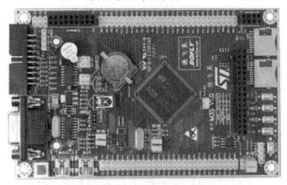

图 5 - 7 - 5 STM32F103ZET 核心板

智能家居的控制分别采用手机蓝牙控制和语音控制两种方式。利用手机蓝牙进行控制时,控制板与蓝牙模块连接即具有了蓝牙通信的功能,手机通过蓝牙方式发出控制命令,蓝牙模块将接收的控制命令由控制板解析处理后,控制相应的对象操作任务。利用语音进行控制时,控制板与语音模块连接即可接收并识别出语音指令,进而控制板作出相应的控制操作,实现对灯、风扇和电磁锁的工作控制。

1)蓝牙控制

基础知识:蓝牙模块(见图 5 - 7 - 6)可实现短距离的无线数据传输,所用的蓝牙模块型号为 HC - 05,其引脚说明见表 5 - 7 - 3。

图 5 - 7 - 6 蓝牙模块

表 5-7-3　蓝牙模块引脚说明

引脚名称	功　能
VCC	接电源正极
GND	接电源负极
RXD	接收端,蓝牙模块接收从其他设备发来的数据,通常接其他设备的发送端
TXD	发送端,蓝牙模块发送数据给其它设备,通常连接其他设备的接收端

用杜邦线将蓝牙模块引脚与控制板引脚相连,连接关系见表 5-7-4。

表 5-7-4　蓝牙模块与控制板引脚连接说明

序　号	蓝牙模块引脚	stm32 控制板引脚
1	TX	PA10(RX)
2	RX	PA9(TX)
3	VCC	板上 5V
4	GND	板上 GND

手机 APP 界面如图 5-7-7 所示。手机与蓝牙模块通信时,实际采用的是串口通信,需设置手机串口通信的波特率为 9600,stm32 程序中 usart 通信波特率也设为一致的 9600。

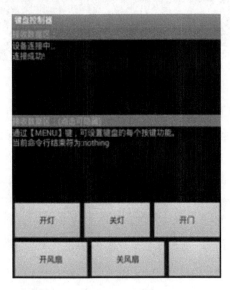

图 5-7-7　手机 APP 界面

这里需要为控制板编写控制程序,程序主要包括蓝牙通信和数据处理执行两部分。

蓝牙通信部分的主要功能是使连有蓝牙模块的控制板与手机进行蓝牙通信,接收手机发来的执行命令,这里选用的蓝牙模块是串口透传模块。

数据处理执行部分则是在控制板收到用户手机发来的命令后,对命令进行解析,并执行相应的控制家电的操作。这里用 LED 灯、电磁锁和电风扇作为家电的简化版,用户发来的命令转化为控制信号,用来操作控制对象板上 LED 灯、电磁锁和电风扇的开和关。

具体程序:

(1)蓝牙通信部分使用 usart. c 和 usart. h 文件,核心程序如下:

```
/ * ::::::::::::::::::::::::::::::::::::::::::::::::::::::::::::
 * * 函数名称: GPIO_Configuration_BluleToothUsart
 * * 功能描述: 串口通信使用的发送、接收端口 GPIO 配置
 * * 参数描述: 无
::::::::::::::::::::::::::::::::::::::::::::::::::::::::::::::: * /
void GPIO_Configuration_BluleToothUsart(void)
{
GPIO_InitTypeDef GPIO_InitStructure;            //定义一个 GPIO 结构体变量
RCC_APB2PeriphClockCmd(RCC_APB2Periph_GPIOA | RCC_APB2Periph_USART1,ENABLE);
                                                //使能各个端口时钟
GPIO_InitStructure. GPIO_Pin = GPIO_Pin_9;     //配置串口接收端口挂接到 9 端
GPIO_InitStructure. GPIO_Mode = GPIO_Mode_AF_PP;
                                                //复用推挽输出
GPIO_InitStructure. GPIO_Speed = GPIO_Speed_50MHz;
                                                //配置端口速度为 50M
GPIO_Init(GPIOA, &GPIO_InitStructure);          //根据参数初始化 GPIOA 寄存器
GPIO_InitStructure. GPIO_Pin = GPIO_Pin_10;    //STM32: PA10(USART1_RX)
GPIO_InitStructure. GPIO_Mode = GPIO_Mode_IN_FLOATING;
                                                //浮空输入
GPIO_Init(GPIOA, &GPIO_InitStructure);          //根据参数初始化 GPIOA 寄存器
}


/ * ::::::::::::::::::::::::::::::::::::::::::::::::::::::::::::
 * * 函数名称: Usart_Configuration
 * * 功能描述: 串口配置函数
 * * 参数描述: BaudRate 设置波特率
::::::::::::::::::::::::::::::::::::::::::::::::::::::::::::::: * /
void Usart_Configuration_BlueTooth(uint32_t BaudRate)
                                                //bluetooth use usart1
{
USART_InitTypeDef USART_InitStructure;          //定义一个串口结构体
```

```
USART_InitStructure. USART_BaudRate = BaudRate ;
                                         //波特率 115200
USART_InitStructure. USART_WordLength = USART_WordLength_8b;
                                         //传输过程中使用 8 位数据
USART_InitStructure. USART_StopBits = USART_StopBits_1;
                                         //在帧结尾传输 1 位停止位
USART_InitStructure. USART_Parity = USART_Parity_No ;
                                         //奇偶失能
USART_InitStructure. USART_HardwareFlowControl = USART_HardwareFlowControl_None;
                                         //硬件流使能
USART_InitStructure. USART_Mode = USART_Mode_Rx | USART_Mode_Tx;
                                         //接收和发送模式
USART_Init(USART1, &USART_InitStructure);      //根据参数初始化串口寄存器
USART_ITConfig(USART1,USART_IT_RXNE,ENABLE);   //使能串口中断接收
USART_Cmd(USART1, ENABLE);                     //使能串口外设
}


/ * ::::::::::::::::::::::::::::::::::::::::::::::::::::::::::::
* * 函数名称：USART1_IRQHandler
* * 功能描述：串口中断函数
* * 参数描述：无
:::::::::::::::::::::::::::::::::::::::::::::::::::::::::::::::: * /
void USART1_IRQHandler()
{
uint8_t ReceiveDate;                    //定义一个变量存放接收的数据
if(! (USART_GetITStatus(USART1,USART_IT_RXNE)));
                                        //读取接收中断标志位 USART_IT_
                                          RXNE。USART_FLAG_RXNE：接收数
                                          据寄存器非空标志位,其中 1 表示
                                          忙状态,0 表示空闲
{
USART_ClearITPendingBit(USART1,USART_IT_RXNE);  //清楚中断标志位
ReceiveDate = USART_ReceiveData(USART1);        //接收字符存入数组
cmdFlag = ReceiveDate;
printf("%d",(char * )ReceiveDate);      //以十进制输出输入的值 printf("
                                          \n\r");//换行置顶
}
```

}

(2)主程序及数据处理执行部分程序段如下:

```
Init_NVIC();                              ////中断向量表注册函数
GPIO_Configuration_BluleToothUsart();//板上使用的所有 GPIO 口配置
Usart_Configuration_BlueTooth(9600); //串口配置 设置波特率
GPIO_Configuration_LIGHT();               //控制 LED 灯的信号在板上使用的 GPIO 口配置
while(1)
{
if(cmdFlag = = LIGHT_ON)
{
GPIO_SetBits(GPIOD, GPIO_Pin_0);     //led light
GPIO_SetBits(GPIOD, GPIO_Pin_13);
}
else if(cmdFlag = = LIGHT_OFF)
{
GPIO_ResetBits(GPIOD, GPIO_Pin_0);    // led light
GPIO_ResetBits(GPIOD, GPIO_Pin_13);
}
else if(cmdFlag = = FAN_ON)
{
GPIO_SetBits(GPIOD, GPIO_Pin_1);     // FAN
}
else if(cmdFlag = = FAN_OFF)
{
GPIO_ResetBits(GPIOD, GPIO_Pin_1);
}
else if(cmdFlag = = DOOR_OPEN)
{
Delay(0x3fffff);
GPIO_SetBits(GPIOD, GPIO_Pin_2);     //the DOOR LOCK
Delay(0x3fffff);
GPIO_ResetBits(GPIOD, GPIO_Pin_2);
cmdFlag = DOOR_CLOSE;
}
}
```

(3)开发环境配置:根据选用的不同仿真器进行配置,如图 5 - 7 - 8 所示。

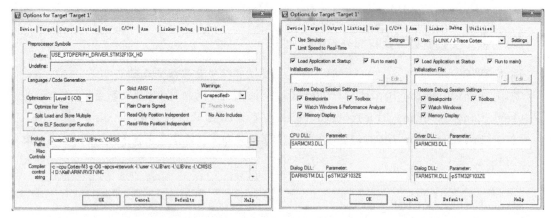

图 5 - 7 - 8　开发环境配置

2）语音模块

选用的 LD3320 语音模块如图 5 - 7 - 9 所示，采用非特定人语音识别技术，可以动态地编辑识别的关键词语句。对着模块上的板载麦克风说出相关指令，在模块正确识别后，将执行相应的命令。

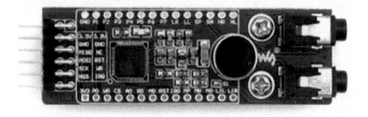

图 5 - 7 - 9　语音模块

从语音模块引脚到 stm32 控制板引脚的连线利用杜邦线完成,所需要的连接如表5－7－5
所示。

表 5－7－5　语音模块与控制板引脚连接说明

序　号	语音模块引脚	stm32 控制板引脚
1	MISO	PA6
2	MOSI	PA7
3	SCK	PA5
4	NSS	PA4
5	RST	PB15
6	WR	PB13
7	IRQ	PB12

这里程序编写与蓝牙模块类似,包括语音识别处理和数据处理执行程序两部分,数据处理
部分参见蓝牙模块。

语音识别功能使用 LD3320.c、LD3320.h 和 LD2230_config.h,当需要增加指令时,需修
改下述地方的程序代码。

(1)LD2230_config.h 文件中,增加相应的识别码。

```
#ifndef _LD3320_CONFIG_H__
#define _LD3320_CONFIG_H__
///识别码
#define CODE_KD1                    //开灯
#define CODE_GD 2                   //关灯
#define CODE_KFS3                   //开风扇
#define CODE_GFS4                   //关风扇
#define CODE_KS5                    //开锁
```

(2)LD2230.c 文件中,在 LD3320_main 函数中增加相应的分支。

```
switch(nAsrRes)                     //对结果执行相关操作
{
case CODE_KD:                       //命令"开灯"
printf("开灯 指令识别成功\r\n");
break;
case CODE_GD:                       //命令"关灯"
printf("关灯 指令识别成功\r\n");
break;
case CODE_KFS:                      //命令"开风扇"
printf("开风扇 指令识别成功\r\n");
break;
```

```
case CODE_GFS:                        //命令"关风扇"
printf("关风扇 指令识别成功\r\n");
break;
case CODE_KS:                         //命令"开锁"
{
printf("开锁 指令识别成功\r\n");
lockflag = 1;
}
default:break;
}
```

(3)LD2230.c 文件中,在 LD_AsrAddFixed 函数中修改相应代码。其中 DATA_A 为指令的个数,DATA_B 为指令的最大长度,sRecog 二维数组为相应指令的拼音集合,pCode 为指令识别码的集合。

```
#define DATE_A 5                      //数组二维数值
#define DATE_B 20                     //数组一维数值
//可修改添加关键词
uint8 sRecog[DATE_A][DATE_B] = {
"kai deng",\
"guan deng",\
"kai feng shan",\
"guan feng shan",\
"kai suo"\
};
uint8 pCode[DATE_A] = {
CODE_KD,\
CODE_GD,\
CODE_KFS,\
CODE_GFS,\
CODE_KS \
};//添加识别码
```

(4)LD2230.c 文件中,在 LD3320_main 函数中修改相应代码。

```
printf("1、开灯\r\n");
printf("2、关灯\r\n");
printf("3、开风扇\r\n");
printf("4、关风扇\r\n");
printf("5、开锁\r\n");
```

(5)LD2230.c 文件中,在 Board_text 函数中修改相应代码。

```
static void Board_text(uint8 Code_Val)
{switch(Code_Val) //对结果执行相关操作
{
case CODE_KD:        //命令"开灯"
Glide_LED();
break;
case CODE_GD:        //命令"关灯"
Flicker_LED();
break;
case CODE_KFS:       //命令"开风扇"
Key_LED();
break;
case CODE_GFS:       //命令"关风扇"
Off_LED();
break;
case CODE_KS:        //命令"开锁"
Jt_LED();
break;
default:break;
}
}
```

根据需求添加相应的语音命令后,需对语音识别进行测试。当模块识别到人语音命令后,控制板程序执行相应的控制操作,如开灯或关灯。

3. 组装与测试

1)蓝牙控制智能家居测试

(1)打开手机的蓝牙串口软件。

(2)点击 APP 右上角的"连接",在搜索到的蓝牙设备中选择蓝牙模块对应的选项,输入配对密码,默认为"1234"。显示"连接成功",则表明手机与蓝牙模块之间已建立起蓝牙通信。

(3)在 APP 主界面中选择"开灯"、"开风扇"等命令,即可将这些命令通过蓝牙方式发往控制对象。

(4)测试控制对象是否按照预定功能执行相应操作。

2)语音控制智能家居

对着语音模块的麦克发出语音指令,测试控制对象是否按照预定功能执行相应操作。

5.8 太阳能电源的制作与应用

5.8.1 概述

太阳能属于清洁的可再生能源,可以将光能转换为电能,用于航空航天、建筑、通信等各个领域。若能充分利用太阳能,可以极大程度上缓解传统能源的短缺问题,保护环境。然而,太阳光能转换成的电能,在很多情况下不能直接利用,要通过电源模块进行升压、降压或稳压等的处理。本课程就来制作一个太阳能电源,课程的内容分为四个部分:首先,熟悉电池板带负载能力和一些关键参数,进行太阳能电池板特性测量;其次,学习贴片元件的焊接;第三,进行降压电源模块的制作;最后是应用电路的制作。

5.8.2　太阳能电池板特性测量

1. 太阳能电池原理

太阳能转化为电能依靠的是太阳能电池板,太阳能电池利用半导体 P-N 结受到光照时的光伏效应发电,它的基本结构就是一个大面积的 P-N 结。P 型半导体有较多数量的空穴,几乎没有自由电子。N 型半导体有较多数量的自由电子,几乎没空穴,两种半导体结合到一起形成 P-N 结,N 区的电子向 P 区扩散,P 区的空穴向 N 区扩散,在 P-N 结附近形成空间电荷区与势垒电场。空间电荷区内,P 区的空穴被来自 N 区的电子复合,N 区的电子被来自 P 区的空穴复合,使该区内几乎没有能导电的载流子,又称为结区或耗尽区。

当光电池受到光照射时,部分电子被激发而产生电子-空穴对,在结区激发的电子和空穴分别被势垒电场推向 N 区和 P 区,使 N 区有过量的电子而带负电,P 区有过量的空穴而带正电,P-N 结两端形成电压,这就是光伏效应。若将 P-N 结两端接入外电路,就可以向负载输出电能。

2. 太阳能电池板参数

在进行太阳能特性测量之前,需要了解以下相关参数:

开路电压 V_{oc}:在 P-N 结开路的情况下(负载∞),P-N 结两端建立起的稳定的电势差。

短路电流 I_{sc}:将 P-N 结的外电路直接接一根导线(负载短路),流过导线的电流就是短路电流。

输出功率 P:带负载的情况下,输出电压与输出电流的乘积。输出电压与输出电流的最大乘积值称为最大输出功率 P_{max}。

填充因子 FF:电池加上负载时的最大功率与开路电压、短路电流乘积的比值。它是表征太阳能电池性能优劣的重要参数,其值越大,电池的光电转换效率越高。

3. 开路电压、短路电流的测量

1)器材

自制滑轨装置(包含 150 W 碘钨灯光源、30 cm×12.5 cm 太阳能电池板)、万用表、电位器(1 kΩ,3 W)、螺丝刀。

2)测量步骤

(1)按照图 5-8-1 和图 5-8-2,将太阳能电池与数字万用表连接,万用表的红表笔接电池板正极(黄色线),黑表笔接负极(蓝色线),万用表调到电压挡。

(2)打开光源。移动太阳能电池板,由近及远,从距离 5 cm 到 50 cm,每次间隔 5cm。待万用表读数稳定后,记录数据,将记录好的数据填入表 5-8-1 中。

(3)保持电路不动,关闭光源,把万用表调到电流挡。

(4)重复步骤(2),并记录相应的电流值大小,填入表 5-8-1 中。

(5)以电压为横轴,电流为纵轴,建立坐标系,做出开路电压、短路电流的伏安特性曲线。

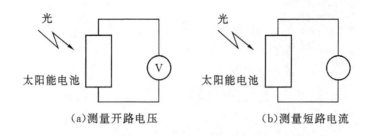

（a）测量开路电压　　　　　　　　　　（b）测量短路电流

图 5-8-1　测量开路电压和短路电流的电路连接示意图

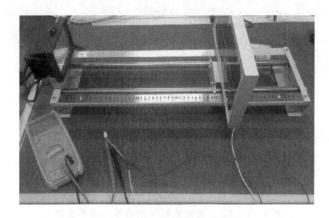

图 5-8-2　仪器连接示意图

表 5-8-1　开路电压、短路电流的测量数据

距离/cm	5	10	15	20	25	30	35	40	45	50
电压/V										
电流/mA										

4. 太阳能电池输出特性的测量

以电位器作为太阳能电池负载。在一定光照强度下（将滑动支架固定在导轨上 20 cm 的位置），通过改变电位器的阻值，从 150 Ω 到 350 Ω，每隔 20 Ω，记录太阳能电池的输出电压 V。根据 V、R 计算电流 I 和功率 P，找到最大功率点，计算填充因子 FF。

测量步骤：

（1）连接电位器和万用表，获得电位器的电阻值。

（2）万用表调到欧姆挡，调节电位器到 150 Ω，填写到表 5-8-2 中。

（3）保持电位器和万用表的连接不变，将电位器和电池板的正负极相连。注意：电池板的正极接万用表红表笔，负极接黑表笔，如图 5-8-3 所示。

（4）万用表调到电压挡，待读数稳定，记录电压值到表 5-8-2 中。

（5）断开电池板和电位器，保持电位器和万用表的连接，万用表调到欧姆挡。调节电位器的阻值，增加 20Ω 左右，记录电阻值到表 5-8-2 中。

（6）重复步骤（3）～（5），直到电位器阻值大小为 350 Ω。

图 5-8-3 仪器连接示意图

(7)计算每个阻值对应的电流 I 和功率 P，填写到表 5-8-2 中。

(8)计算填充因子 FF：

$$FF = \frac{P_{max}}{V_{oc} \cdot I_{sc}}$$

表 5-8-2 太阳能电池输出特性的测量数据

电阻/Ω	150	170	190	210	230	250	270	290	310	330	350
电压/V											
电流/mA											
功率/mW											

5.8.3 贴片元件的焊接方法

由于本课程所要使用的元器件绝大部分是贴片元件，所以先来学习焊接贴片元件。

贴片元件焊接的必备工具是电烙铁和尖嘴镊子。焊接步骤如下：

(1)清洁和固定 PCB 板。对要焊接的 PCB 板进行检查，确保其干净。如果条件允许，可以用焊台进行固定。避免用手接触 PCB 上的焊盘影响上锡。

(2)固定贴片元件。对于管脚数目少的贴片元件，如电阻、电容、二极管、三极管等，先在 PCB 板的一个焊点上用烙铁点上焊锡，如图 5-8-4 所示。一手握烙铁加热焊点，另一手用镊子轻夹起贴片元件，迅速贴到 PCB 板上，使其与焊盘对齐，如图 5-8-5 所示，保证芯片放置方向正确，移走烙铁；待焊锡凝固，移去镊子。

(3)待贴片固定后焊接剩余管脚。对于管脚少的元件，可对剩余的管脚依次焊接，如图 5-8-6 所示。

(4)焊接贴片 IC(集成芯片)，依然是先在 PCB 上固定一个引脚。由于贴片 IC 引脚较密，除了点焊之外，可以采取拖焊，即在一侧管脚上足锡，然后利用烙铁将焊锡熔化，往该侧剩余的管脚上抹去,如图 5-8-7 所示。值得注意的是,不论点焊还是拖焊,都容易造成相邻的管脚被锡短路,这点不用担心,需要关心的是所有引脚与焊盘很好的连接,没有虚焊。

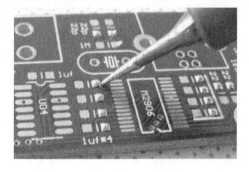

图 5-8-4 给一个焊点上锡

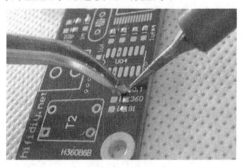

图 5-8-5 固定贴片元件的一个焊点

图 5-8-6 焊接其他焊点

图 5-8-7 焊接贴片 IC

(5)清除多余焊锡,如图 5-8-8 所示。可以用吸锡带或者捆扎成束的铜丝来解决,在吸锡带或铜丝上加入适量助焊剂,把烙铁放到吸锡带或铜丝上进行加热,待焊锡熔化,将吸锡带或铜丝慢慢从焊盘一端向另一端轻压拖拉,焊锡即被吸入带中。

(6)清洁表面,如图 5-8-9 所示。用棉棒蘸取少量酒精清洗多余松香。

图 5-8-8 清除多余焊锡

图 5-8-9 清洁贴片 IC 表面

5.8.4 DC-DC 降压电源的制作

太阳能电池输出的是直流电压,但是不稳定,不方便直接使用。同时,考虑到开放实验的安全性,所以设计一个降压式的电源模块来实现一个小电压输出。主要有以下内容:理解开关电源原理,学会芯片选型,电源模块的制作与调试。

1. 开关电源芯片选型

开关电源是利用电子开关器件(晶体管、场效应管、可控硅闸流管等)控制电路,使其不停地"接通"和"关断",从而对输入电压进行脉宽调制,实现 DC - DC 电压变化。目前,市场上的硬件电路的实现越来越模块化、集成化,可以实现开关电源功能的集成芯片也很多。在进行芯片选型的时候,需要从以下几个方面进行考虑:

(1)明确输入电压(或范围)和输出电压(或范围),选择降压、升压或升降压芯片。

(2)电源的输入/输出转换效率。电源部分的损耗主要以热能的方式耗散,如果转换效率过低,电源模块的温度过高,会缩短其使用寿命。

(3)不要"大牛拉小车"或"小牛拉大车"。为保证电源使用寿命,需要留有一定余量,较适合的工作电流为最大输出电流的 70%~90%。

(4)成本问题也是考虑的一个重要方面。一般情况下,功能越强大,成本也越高。

另外,也可以使用工具进行芯片选型,比如 WEBENCH Designer。这个工具是 TI 中国官网(http://www. ti. com. cn)上的一个在线工具,其主界面如图 5 - 8 - 10 所示。选择"电源",只需要输入几个供电需求,点击"开始设计",就会检索出相应的芯片。用户可根据自身设计需求选择芯片,简单易用。

图 5 - 8 - 10　WEBENCH 主界面

制作中使用的太阳能电池的最大输出电压约为 20 V,我们要实现一个输出为 5 V 的降压电源模块。经过多方面考虑,选择的集成芯片是 MP2359。它是基于 CMOS 工艺开关内置的直流降压转换器,输入电压范围为 4.5~24 V,输出电压范围为 0.81~15 V,峰值输出电流为 1.2 A,反馈电压约为 0.8 V。详细信息可以从它的数据手册上获取到,引脚图和实物图如图 5 - 8 - 11 所示。

电源模块的电路图设计如图 5 - 8 - 12 所示。

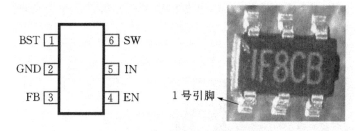

图 5 - 8 - 11　MP2359 引脚和实物图

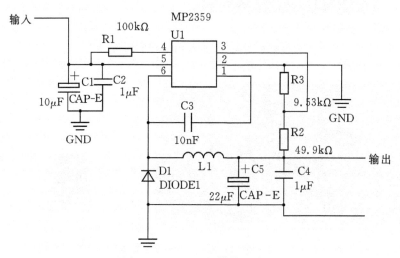

图 5 - 8 - 12　电源模块电路图

2. 电源模块的制作与调试

根据元器件清单表 5 - 8 - 3,在 PCB 板上完成电源模块的焊接制作。

表 5 - 8 - 3　元器件清单

序　号	名　称	型号规格	位　号	数量/只	封　装
1	电容	10 μF	C1	1	1206c
2	电容	1 μF	C2、C4	各 1	0805c
3	电容	1 μF	C3	1	0805c
4	钽电容	22 μF	C5	1	1206c
5	电阻	100 Ω	R1	1	0805R
6	电阻	49.9 kΩ	R2	1	0805R
7	电阻	9.53 kΩ	R3	1	0805R
8	二极管		D1	1	2010D
9	功率电感	4.7 μH(4R7)	L1	1	
10	集成芯片	MP2359	U1	1	
11	接线端子	接线端子	P1、P2、P3、P4	各 1	
12	负载电阻	1 kΩ	调试用,不焊接	1	直插式

1)焊接步骤和注意事项

(1)先焊接贴片元器件。注意二极管 D1 的极性:PCB 板正向放置,二极管负极向上,如

图 5-8-14所示；MP2359 的正确焊接：PCB 板的 U1 右上角有个小白点，标志 1 号引脚的位置，如图 5-8-13 所示。

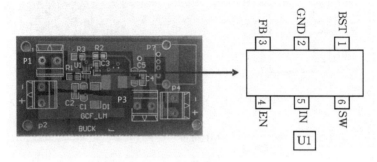

图 5-8-13　电源模块 PCB 板

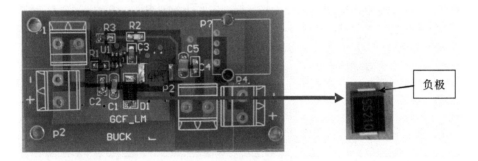

图 5-8-14　贴片元件焊接完成

（2）最后再焊接 4 个接线端子，如图 5-8-15 所示。注意：接线端子属于直插式元件，焊点在 PCB 板反面；4 个接线端子的接线口都朝向外。

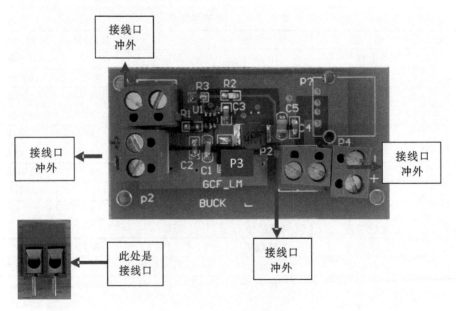

图 5-8-15　焊接接线端子

(3)焊接完,检查是否有虚焊、短路现象,及时修正。

2)调试

(1)首先用短导线连接 P1 的两个接线端将 P1 短路,用短导线连接 P3 的两个接线端将 P3 短路,如图 5-8-16 所示。

(2)在 P4 接线端子上连接负载电阻,大小 1 kΩ,如图 5-8-16 所示。原因:调试过程中绝对不能空载!否则输出无负载会不停为输出电容充电,会导致 MP2359 芯片损坏。负载电阻应当根据此时输出功率,选择略大的电阻,1 kΩ 足够。

(3)P2 接太阳能电池板输出,正极接暖色(黄色)线,负极接冷色(蓝色)线。调整太阳能电池板输出电压最大处,15~20 cm 之间,如图 5-8-17 所示。

图 5-8-16　电源模块成品图

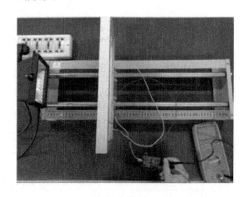

图 5-8-17　电池板接电源模块

(4)万用表红表笔接 P4 正,黑表笔接 P4 负,如图 5-8-17。打开光源,让太阳能电池板开始工作,测量输出电压是否为 5 V 左右;测量 R2、R3 连接点处电压是否为 0.8 V 左右。

(5)可能遇到的问题及其解决办法。如果输出电压为 0 或 20 V,首先请检查各个焊点是否有虚焊、假焊,如果有,需要及时修正。检查二极管 D1 的正负极性焊接是否正确;检查 MP2359 芯片各个引脚是否有短路现象,如果有,断电,重新焊接;如果芯片损坏,需要更换芯片,重新焊接。

5.8.5　应用电路——流水灯

流水灯应用电路,既可以验证电源的效果,又有趣实用。流水灯电路是由时基集成电路 NE555 构成的多谐振荡器和 CD4017 十进制计数/译码电路组成。NE555 输出的振荡周期波形经过 CD4017 芯片进行十分频,由它的 10 个输出管脚分别驱动 10 个 LED 负载,形成依次循环闪烁的现象,即流水灯。

1. NE555 振荡器原理

NE555 有 8 个引脚,双列直插式,引脚和实物如图 5-8-18 所示,引脚定义如表 5-8-4 所示。

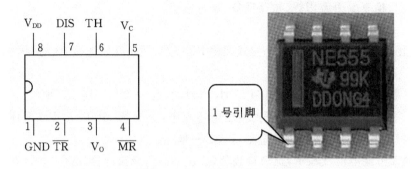

图 5 - 8 - 18　　NE555 引脚图和实物图

表 5 - 8 - 4　　**NE555 引脚定义**

引脚	功　　能
1	GND,电源的负极
2	触发端,下比较器输入
3	输出端,有 0 和 1 两种输出状态,受触发器控制,而触发器受 2 脚和 6 脚控制
4	复位端,高电平时芯片正常工作,低电平时停止工作
5	控制电压端,可用它改变上下触发电平值
6	阈值端,上比较器输入
7	放电端,内部放电管的输出,有悬空和接地两种状态,由输入端决定
8	电源正极端

　　振荡器电路是 NE555 的一个典型应用,电路图和各个引脚的输入输出波形如图 5 - 8 - 19 所示。

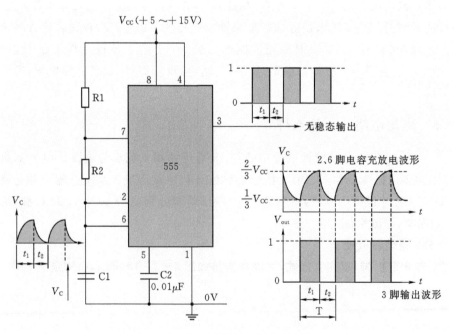

图 5 - 8 - 19　振荡器电路和波形图

振荡电路原理:当 8 号电源引脚接通,NE555 正常工作的情况下,7 号引脚与地处于断开状态,电容 C1 上没有电荷,NE555 的 3 脚输出高电平,同时电源通过 R1、R2 向电容 C1 充电。当 C1 上的电压到达 555 集成电路 6 脚的阈值电压($2/3V_{cc}$)时,7 脚与地导通,C1 通过 R2(7 脚)放电,3 脚由高电平变成低电平;当电容的电压降到 $1/3V_{cc}$ 时,3 脚又变为高电平,同时电源再次经 R1、R2 向电容充电。这样周而复始,形成振荡,3 脚的输出为周期性的矩形波。其中

$$t_1 \approx 0.7(R_1 + R_2)C_1, \quad t_2 \approx 0.7R_2C_1$$

由此可见,调整 R1、R2 电阻的大小就可以改变输出波形的频率,进而改变 LED 的闪烁周期。

2. 十进制计数/分频器 CD4017

CD4017 是一个十进制计数/分频器,具有 10 个高电平译码输出,CLOCK、RE、INH 输入端,其内部由计数器及译码器两部分组成,由译码输出实现对脉冲信号的分配。引脚分配如图 5-8-20 所示,引脚定义说明如表 5-8-5 所示。

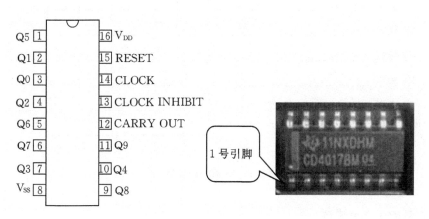

图 5-8-20　CD4017 引脚排列图和实物图

表 5-8-5　引脚说明

引脚	符号	功能	引脚	符号	功能
1	Q5	译码输出端	9	Q8	译码输出端
2	Q1	译码输出端	10	Q4	译码输出端
3	Q0	译码输出端	11	Q9	译码输出端
4	Q2	译码输出端	12	CARRY OUT	进位输出端
5	Q6	译码输出端	13	CLOCK INHIBIT	时钟抑制
6	Q7	译码输出端	14	CLOCK	时钟
7	Q3	译码输出端	15	RESET	复位
8	Vss	地	16	V_{DD}	电源

将 NE555 上 3 脚的输出接到 CD4017 的 14 号脚,整个输出时序就是 Q0、Q1、Q2、…、Q9 依次出现与时钟同步的高电平,宽度等于时钟周期。输出时序图如图 5-8-21 所示。

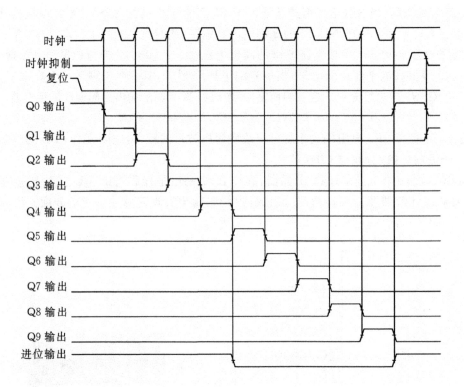

图 5-8-21　时序图

3. 流水灯的制作与调试

根据表 5-8-6 的元器件清单,在 PCB 板上完成电源模块的焊接制作。

表 5-8-6　流水灯元器件

序　号	名　称	型号规格	位　号	型号(封装)
1	电容	100 nF	C1	0805c
2	电容	10 μF	C4	0805c
3	电容	1 μF	C3	0805c
4	电阻	200 Ω	R1～R4 R6,R7 R9,R11 R12,R14	0805c
5	电阻	200 Ω	R5	0805R
6	电阻	10 kΩ	R8	0805R
7	电位器	100 kΩ	R10	0805R
8	集成芯片	NE555	U1	
9	集成芯片	CD4017	U2	
10	MicroUSB		P3	

1)焊接步骤及注意事项

(1)焊接贴片电阻、贴片 LED、贴片电容,如图 5-8-22 和图 5-8-23 所示。注意:贴片元件的焊接方法,LED 正面朝上,且极性与电路板上一一对应,如图 5-8-24 所示。

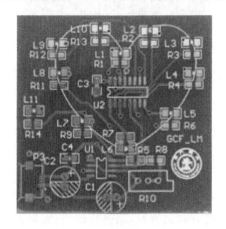 

图 5-8-22 流水灯电路板　　　　图 5-8-23 焊接贴片电阻、LED、电容

图 5-8-24 电路板 LED 标识和贴片 LED 实物的正负极识别

(2)焊接芯片 NE555 和 CD4017。注意:NE555 和 CD4017 的引脚焊接位置,在 PCB 板上,U1 和 U2 的位置上都有一个小缺口,把缺口都向左放置,缺口的下方第一个焊点就是芯片 1 脚的位置,如图 5-8-25 所示。

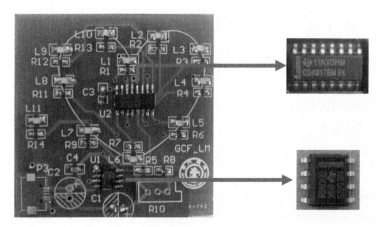

图 5-8-25 焊接 NE555 和 CD4017

（3）焊接 USB 口和电位器。注意：USB 接口有 5
个引脚，从上到下按 1 到 5 编号，1 号引脚对应一个焊
点，4、5 号引脚对应一个焊点，2、3 号引脚可以不焊；
电位器属于直插式元件，焊点在 PCB 板反面。图
5-8-26 是流程灯焊接好的成品图。

图 5-8-26　流水灯成品图

　2）调试

（1）上电：将电源充电线与 MicroUSB 口连接，
LED 将以顺时针方式依次点亮；

（2）用螺丝刀调节电位器，能够观察到 LED 流动
频率的快慢变化。

　3）可能遇到的问题以及解决办法

（1）能观察到 LED 顺时针流动的现象，但是个别 LED 没有被点亮。首先检查相应的
LED 和电阻是否有虚焊或短路，进行补焊；检查 LED 焊接方向是否有误，进行修正；如果 LED
仍然不亮，则需更换 LED。完成上述内容后，再次测试。

（2）只有一两个 LED 被点亮且不闪烁。分别检查 NE555 和 CD4017 是否虚焊，各个引脚
是否有短路，进行补焊。如果补焊之后，仍然有问题，则需更换芯片，并重新焊接。

（3）如上电后，电路板出现冒烟或元器件爆裂，及时切断电源连接。

5.9　计算机组装

5.9.1　简介

当前计算机的使用已经十分普及，学习计算机组装可以快速、全面地了解计算机硬件组成
的相关知识，掌握计算机日常维护的技巧。计算机由硬件与软件组成，其硬件设备包括构成计
算机的主要硬件设备与常用外部设备两类。

5.9.2　物料及工具

计算机部件：主板、CPU 及 CPU 风扇、内存、硬盘、光驱、显卡、电源、机箱、显示器、鼠标、
键盘、音箱等。

工具：十字螺丝刀、尖嘴钳。

耗材：导热硅脂、扎带。

5.9.3　组装步骤

1. 安装前的准备

1）检查各部件

在装机前仔细检查各部件。检查包括两方面：一是检查零部件是否齐全；二是检查各部件
外表是否有损。这些问题都有可能导致计算机工作不稳定，甚至不工作。

2）消除静电

在安装前,需先消除身体的静电,如果条件允许,也可戴防静电环。

3）阅读说明书

在装机前认真查阅各部件的安装手册及相关说明书,尤其是主板说明书,这对装机过程有很大帮助。

4）准备好各种工具

在安装前准备好所需工具,可以再准备一个小器皿,用于盛放螺丝钉及一些小零件等,以防丢失。

5）轻拿轻放各部件

对各部件要轻拿轻放,避免碰撞。安装主板要稳固,同时也需注意防止压力过大导致变形,否则会对主板上的电子线路造成损伤。

注意事项:

(1)安装内存条时注意安装方向。

(2)任何情况下都严禁带电操作,一定要把 220 V 的电源线插头拔掉。

2. 组装计算机主机

一台计算机分为主机和外设两大部分,组装计算机的主要工作实际上就是组装计算机主机中的各个硬件配件。在组装计算机主机配件时,可以参考下面的流程进行操作。

1）安装电源

目前部分型号的机箱会自带电源,若购买的是此类机箱,则无需再次动手安装电源。安装电源时,参考步骤如下:

步骤一:用十字螺丝刀把固定机箱侧板的螺丝拧下来,拆下机箱两侧的侧板。核对机箱内的零件包是否齐全,包括固定螺丝、挡片和铜柱等。

步骤二:打开电源包装(见图 5-9-1、图 5-9-2)。如图 5-9-3、图 5-9-4 所示,把电源放在机箱后上方的电源固定架上,将电源后面的螺丝孔和机箱上的螺丝孔一一对应,用螺丝固定即可。

图 5-9-1　电源

图 5-9-2　电源安装螺丝

图 5-9-3　电源的安装位置

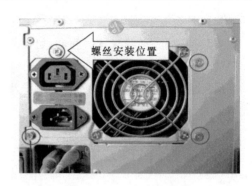

图 5-9-4　电源的安装

2) 安装 CPU

组装主机时,通常先将 CPU、内存等配件安装在主板上,同时安装 CPU 风扇。这样可以避免在主板安装到机箱之后,由于机箱较窄的空间而影响 CPU 和内存安装。

CPU 是计算机的核心部件(见图 5-9-5),同时也是配件中比较脆弱的一个,因此在安装 CPU 时需要格外小心,以免因操作不当或用力过大而损坏 CPU。在安装 CPU 之前,需先观察 CPU 插座和 CPU 与主板相连的引脚。

图 5-9-5　计算机的 CPU

针对支持不同型号或厂家的主板,CPU 插座的针脚和形状有所区别,而且相互不兼容,但常见的 CPU 插座结构都大同小异,主要包括插座、固定拉杆等。安装步骤如下:

步骤一:将主板放在一块绝缘泡沫或海绵垫上。

步骤二:如图 5-9-6 和图 5-9-7 所示,将主板上 CPU 插座的固定拉杆拉起,打开用于固定 CPU 的金属盖,取下保护卡。

图 5-9-6　拉起固定拉杆

图 5-9-7　打开金属盖

步骤三:如图 5-9-8 和图 5-9-9 所示,将 CPU 正面的的三角定位标记对准主板 CPU 插座的三角标记后将 CPU 缓慢地插入,确认 CPU 完全插入了 CPU 插座之后把固定拉杆压下,关闭 CPU 金属压盖,锁紧 CPU。

图 5-9-8 安装 CPU

图 5-9-9 压下拉杆关闭 CPU 金属压盖

步骤四:在 CPU 上面均匀涂抹适量的导热硅脂,将 CPU 散热风扇放在 CPU 表面,确认 CPU 风扇的四角对准主板上的相应位置,同时和 CPU 接触良好后,将 CPU 散热风扇的扣具扣在 CPU 的插座上面,如图 5-9-10～图 5-9-12 所示。有些 CPU 风扇的四脚扣具采用螺丝设计,安装时还需要在主板背面放置相应的螺母,在主板正面利用螺丝固定 CPU 风扇。

图 5-9-10 CPU 散热风扇(1)

图 5-9-11 CPU 散热风扇(2)

图 5-9-12 安装 CPU 散热风扇

图 5-9-13 连接 CPU 散热风扇的电源

步骤五:按图 5-9-13 所示,将 CPU 风扇的电源接头连接到主板上 CPU 风扇的电源插座。通常主板上 CPU 风扇的供电接口标志为"CPU_FAN",风扇的电源插头一般也都采用了防插反设计,反方向无法插入。

3) 安装内存

安装内存的过程如图5-9-14～图5-9-16所示。先打开内存插槽两边的锁扣,将内存平行放入内存插槽中,使内存下边金手指部分的缺口与内存插槽上相应的突起槽口对齐,轻微用力向下压,使插槽两侧的锁扣紧扣着内存,听到"啪"的声响即表明内存安装到位。

图5-9-14　主板上的内存位置　　　　　　　　图5-9-15　内存

4) 安装主板

在主板上安装内存和CPU之后,即可将主板装入机箱。首先把机箱水平放置,找到随机箱附带的螺丝。观察主板上的螺丝固定孔,在机箱底板上找到对应位置处的预留孔,将机箱附带的铜柱安装到这些预留孔上(见图5-9-17)。

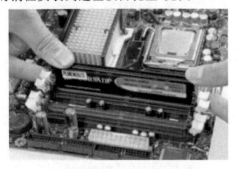 

图5-9-16　安装内存　　　　　　图5-9-17　铜柱安装到主板预留孔

如图5-9-18～图5-9-21所示,将主板放到机箱内的这些安装好的铜柱上面,同时确认将主板上的I/O接口与机箱上的预留孔对应,用螺丝固定主板。

图5-9-18　放置主板　　　　　图5-9-19　主板接口与机箱后面板的对应位置

图 5 - 9 - 20　螺丝固定主板

图 5 - 9 - 21　安装好的主板

5)连接主板电源线

如图 5 - 9 - 22 所示,将电源引出的 24 脚电源插头插入主板电源插座中即可。

6)安装硬盘、光驱

(1)机箱上的 3.5 in① 硬盘托架设计有相应的扳手或由螺丝固定,拉动扳手或拧下螺丝即可将硬盘托架从机箱中取下,如图 5 - 9 - 23 所示。

图 5 - 9 - 22　连接主板电源

图 5 - 9 - 23　硬盘托架

(2)如图 5 - 9 - 24 和图 5 - 9 - 25 所示,将硬盘装入取下的托架,并用螺丝固定。硬盘托架边缘有一排预留的螺丝孔,可以根据需要调整硬盘与托架螺丝孔对齐后,再上紧螺丝。

图 5 - 9 - 24　硬盘装入取下的托架

图 5 - 9 - 25　螺丝固定硬盘

① 1 in＝2.54 cm

（3）将硬盘托架重新装入机箱原位，并用固定扳手或螺丝固定好托架（见图 5-9-26）。

（4）依照图 5-9-27 所示连接硬盘的电源线。

图 5-9-26　硬盘托架重新装入机箱　　　　　　图 5-9-27　连接硬盘电源线

（5）在计算机中安装光驱与安装硬盘的方法类似。只要先将机箱前面板对应的光驱面板拆除，把光驱推入机箱放好并用螺丝固定即可，如图 5-9-28 和图 5-9-29 所示。光驱固定后，按图 5-9-30 和图 5-9-31 所示，分别连接电源线和信号线即可。

图 5-9-28　光驱　　　　　　　　　　图 5-9-29　光驱从机箱前面板推入

图 5-9-30　连接光驱电源线和数据线　　　　图 5-9-31　数据线与主板的连接位置

（6）主机中的硬盘、光驱等部分设备是通过数据线与主板相连的。常见的数据线有 SA-TA 数据线和 IDE 数据线两种，如图 5-9-32 和图 5-9-33 所示。

图 5-9-32　SATA 数据线连接

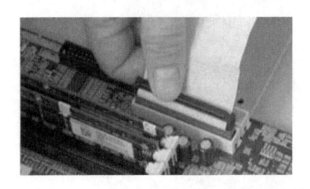

图 5-9-33　IDE 数据线连接

（7）IDE 数据线连接。将 IDE 数据线的一头与主板上的 IDE 接口相连，另一头与与光驱或硬盘的 IDE 接口相连即可。IDE 数据线接口上有防插反凸块，在连接 IDE 数据线时，只需要将防插反凸块对准主板 IDE 接口上的凹槽即可。

（8）SATA 数据线连接。将 SATA 数据线的一头与主板上的 SATA 接口相连，另一头与硬盘上的 SATA 接口相连即完成连接。SATA 接口目前已逐渐取代 IDE 接口。

（9）使用 SATA 接口的硬盘或光驱时，将 SATA 设备电源接口与计算机硬盘或光驱的电源插槽相连。使用 IED 接口的硬盘或光驱时，将电源盒引出的普通四针梯形电源接口插入设备的电源插槽中。需要注意的是，SATA 接口设备的电源接口与 IDE 设备的电源接口不同。

7）安装显卡及扩展卡

在安装显卡之前，首先应确定所购买的显卡的接口类型。PCI-E 接口是当前主流的显卡接口，因此应先在主板上找到相应的插槽位置，如图 5-9-34 所示。用螺丝刀将机箱显卡插槽位置的挡板拆掉，使显卡与显卡插槽垂直，均匀用力向下压，把显卡插入插槽中，用螺丝固定，安装过程见图 5-9-35 和图 5-9-36。通常显卡供电来自主板的插槽，但部分显卡由于功耗增加而需要额外辅助供电，这时只需将辅助供电接口接到相应的电源接口即可。

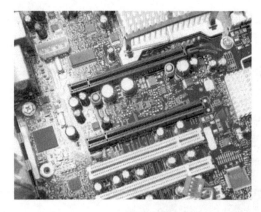

图 5-9-34 主板上的显卡接口

图 5-9-35 显卡

图 5-9-36 将显卡安装在主板上

如果需要安装其他的扩展卡,如网卡、电视卡等,也同样把机箱相应位置的挡板拆掉,与显卡的安装一样,将卡与插槽垂直,均匀用力插到插槽中,并用螺丝固定即可。

8)其他连线及外设安装

(1)连接机箱引出线。如图 5-9-37 所示,机箱前面板的引出线主要包括前置 USB 接口线、前置音频接线和机箱控制开关引线(包括 PC 喇叭信号线、机箱电源指示灯信号线、主机启动信号线、复位启动信号线和硬盘信号工作指示灯信号线等),应将这些引出线连接到图 5-9-38所示的主板的相应接线插槽上。每条引出线上都有相应的功能标识,主板对应的引脚处也有相同标识,连接时应根据其功能标识找到正确的位置。不同的主板,这些线的位置不尽相同,安装时可参照主板的说明书进行。

(2)整理主机箱内的线缆。至此,机箱内的设备已经安装完毕,下一步便是整理机箱内的电缆线。计算机正常工作时机箱内部各设备的发热量较大,如果线路杂乱,就会影响机箱内的空气流通,降低整体散热效果。同时,还有可能卡住 CPU 或显卡的风扇,影响这些部件的正常工作。在整理机箱内的电缆线时,可以使用扎带将它们扎好。安装完毕的机箱内部如图 5-9-39 所示,然后将机箱盖上用螺丝拧紧。

图 5-9-37　机箱前面板的引出线

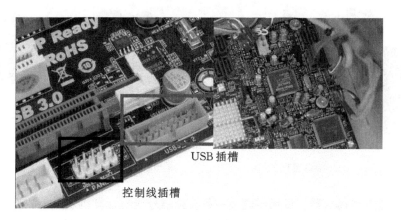

图 5-9-38　引出线连接到主板的接线插槽及安装示意图

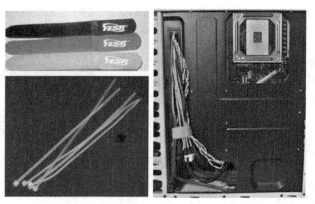

图 5-9-39　扎带及整理后主机箱内的线缆

（3）连接外部设备。首先把鼠标、键盘连接到主机上。台式计算机常用的鼠标和键盘有 USB 接口和 PS/2 接口两种，如图 5-9-40～图 5-9-43 所示。如使用 USB 接口的键盘和鼠标，与主机背面的 USB 接口相连即可。如使用 PS/2 接口的键盘和鼠标，则与主机背面的

PS/2 接口相连,通常鼠标与主机上绿色的 PS/2 接口相连,键盘与紫色 PS/2 接口相连。

图 5 - 9 - 40　PS/2 接口

图 5 - 9 - 41　机箱后面板的 PS/2 口

图 5 - 9 - 42　USB 接口鼠标

图 5 - 9 - 43　USB 接口键盘

　　另外还需要连接显示器。显示器通过一条视频信号线与计算机主机上的显卡视频信号接口相连。常用的视频信号线包括 VGA 视频信号线、DVI 视频信号线和 HDMI 连接线。连接时,使用视频信号线的一头与主机上的显卡视频信号插槽连接,另一头与显示器背面的视频信号插槽连接即可,如图 5 - 9 - 44～图 5 - 9 - 46 所示。最后将电源线连接到主机电源上,组装完成的计算机如图 5 - 9 - 47 所示。

图 5 - 9 - 44　VGA 视频信号线

图 5 - 9 - 45　DVI 视频信号线

图 5-9-46　主机上的显卡视频信号插槽

图 5-9-47　电源线连接到主机电源

3. 通电开机测试

计算机组装完成后,需仔细检查后才能接通电源。检查内容包括:

(1)检查主板上的各个控制线连接是否正确。

(2)检查 CPU、显卡、内存、硬盘等各个硬件设备是否安装牢固。

(3)检查机箱内电源线、数据线是否连接正确。

(4)检查计算机外设是否连接正确。

(5)检查是否有连线搭在风扇上影响风扇散热。

检查无误后,即可将计算机主机和显示器电源与供电电源连接。启动计算机对硬件进行调试。加电后,计算机会进行加电自检,如果听到“滴”的一声,并且显示器出现自检画面,说明计算机一切正常,计算机组装已经成功。如果计算机启动后没有正常运行,说明在组装过程中有错误,这时就需要再次打开机箱,对硬件的组装重新检查,看是否有插错的地方,是否有些硬件没有安装到正确的位置等。仔细检查后排除故障,再次加电,如果听到“滴”的一声,说明一切正常,计算机组装完成。

附录　常用电子元件封装及标准尺寸

封装是电子技术中一种专业术语,指的是形状及体积大小,重要部位用具体数据来标示。常用的电阻、电容、电感、二极管等元器件的封装标准尺寸分别介绍如下。

1. 直插式电阻

直插式电阻的封装形式为 AXIAL－xx(比如 AXIAL－0.3、AXIAL－0.4),其中 xx 代表焊盘中心间距为 xx 英寸。这个尺寸肯定比电阻本身要稍微大一点点。常见封装:AXIAL－0.3、AXIAL－0.4、AXIAL－0.5、AXIAL－0.6、AXIAL－0.7、AXIAL－0.8、AXIAL－0.9、AXIAL－1.0,附图 1 给出了 AXIAL－0.3 的示例。

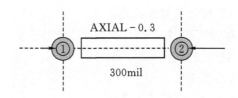

附图 1　直插式电阻 AXIAL－0.3 封装及尺寸

2. 直插式电容

1)无极性电容

常见电容分为两类:无极性电容和有极性电容。典型的无极性电容如下:

无极性电容的封装以 RAD 标识,有 RAD－0.1、RAD－0.2、RAD－0.3、RAD－0.4,后面的数字表示焊盘中心孔的间距,附图 2 给出 RAD－0.3 的示例。

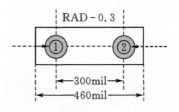

附图 2　无极性电容 RAD－0.3 的封装及尺寸

2)有极性电容

有极性电容一般指电解电容。这类电容都是标准的封装,但是高度不一定标准,包括很多定制的电容,需根据产品设计特点进行选择。

电解电容的封装以 RB 标识,常见的有 RB.2/.4、RB.3/.6、RB.4/.8、RB.5/1.0,其前面的数字表示焊盘中心孔的间距,后面的数字表示外围尺寸(丝印),单位为英寸,附图 3 给出 RB.3/.6 的示例。

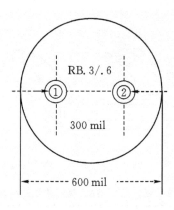

附图3　有极性电容 RB.3/.6 的封装尺寸

3. 贴片电阻、贴片电容

1）贴片电阻、电容封装尺寸及电阻的功率

贴片电阻、电容常见封装有 9 种（电容指无级贴片），有英制和公制两种表示方式。英制的表示方法是采用 4 位数字表示的 EIA（美国电子工业协会）代码，前两位表示电阻或电容的长度，后两位表示宽度，单位为英寸。例如 0201 封装就是指英制代码。公制代码实际中很少用到，也由 4 位数字表示，其单位为毫米，与英制类似。电阻电容外形尺寸、电阻额定功率与封装的对应关系如附表 1 所示。

附表 1　电阻电容外形尺寸、电阻额定功率与封装的对应关系

英　制	0201	0402	0603	0805	1206	1210	1812	2010	2512
尺寸/mm	0.6×0.3	1.0×0.5	1.6×0.8	2.0×1.2	3.2×2.5	3.2×2.5	4.5×32	5.0×2.5	6.4×3.2
电阻功率	1/20 W	1/16 W	1/10 W	1/8 W	1/4 W	1/3 W	1/2 W	3/4 W	1 W

注：按照 1in＝1000 mil，1in＝2.54 cm 换算关系设计。

如 1005（0402）的封装的外形尺寸如附图 4 所示。

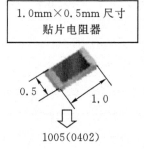

附图 4　贴片电阻 1005（0402）的封装尺寸

贴片电阻、电容封装尺寸符号含义如附图 5 所示，英制、公制的关系及详细尺寸如附表 2 所示。

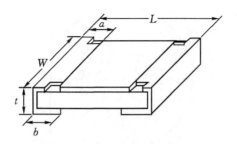

附图 5　贴片电阻、电容尺寸符号含义

附表 2　电阻电容封装英制/公制规格型号与尺寸的关系

英制/in	公制/mm	长 L/mm	宽 W/mm	高 t/mm	a/mm	b/mm
0201	0603	0.60±0.05	0.30±0.05	0.23±0.05	0.10±0.05	0.15±0.05
0402	1005	1.00±0.10	0.50±0.10	0.30±0.10	0.20±0.10	0.25±0.10
0603	1608	1.60±0.15	0.80±0.15	0.40±0.10	0.30±0.20	0.30±0.20
0805	2012	2.00±0.20	1.25±0.15	0.50±0.10	0.40±0.20	0.40±0.20
1206	3216	3.20±0.20	1.60±0.15	0.55±0.10	0.50±0.20	0.50±0.20
1210	3225	3.20±0.20	2.50±0.20	0.55±0.10	0.50±0.20	0.50±0.20
1812	4832	4.50±0.20	3.20±0.20	0.55±0.20	0.50±0.20	0.50±0.20
2010	5025	5.00±0.20	2.50±0.20	0.55±0.10	0.60±0.20	0.60±0.20
2512	6432	6.40±0.20	3.20±0.20	0.55±0.10	0.60±0.20	0.60±0.20

2）贴片电容的分类

贴片电容可分为无极性和有极性两类。无极性电容最常见封装为 0805、0603 两类；而有极性电容也就是我们平时所说的电解电容，一般用的最多的是铝电解电容。由于其电解质为铝，所以其温度稳定性以及精度都不是很高；而贴片元件由于其紧贴电路版，要求温度稳定性要高，所以贴片电容以钽电容为多。根据耐压不同，贴片电容又可分为 A、B、C、D 四个系列，具体分类如附表 3 所示。

附表 3　贴片电容封装形式耐压表

类　型	封装形式	耐　压
A	3216	10 V
B	3528	16 V
C	6032	25 V
D	7343	35 V

4. 贴片电感

电感的封装形式也就是指电感的形状及体积大小的一种描述。本附录列出了部分贴片电感封装。电感封装根据每一个生产厂家不一样，描述方式也有区别，此处无法一一列出。读者可根据具体需求，查询品牌的产品手册来选择产品。

1）长方体外形贴片电感封装

长方体外形贴片电感封装尺寸见附表 4，其外形示意见附图 6。

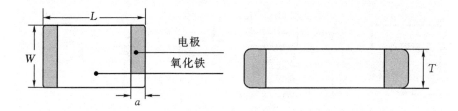

附图6　长方体外形贴片电感封装尺寸符号含义示意图

附表4　长方体外形贴片电感封装尺寸

封装（英制代码）	公制代码	L/mm	W/mm	T/mm	a/mm
0402	1005	1.0 ± 0.1	0.5 ± 0.1	0.5 ± 0.1	0.2～0.1
0603	1608	1.6 ± 0.15	0.8 ± 0.15	0.8 ± 0.15	0.1～0.5
0805	2012	2.0 ± 0.2	1.25 ± 0.2	＊	0.2～0.8
1206	3216	3.2 ± 0.2	1.6 ± 0.2	＊	0.4～1.0
1210	3225	3.2 ± 0.2	2.5 ± 0.2	＊	0.6～1.0
1812	4532	4.5 ± 0.2	3.2 ± 0.2	＊	0.6～1.0

注:"＊"表示不是固定值。

2）绕线贴片电感封装

绕线贴片电感封装尺寸见附表5,其外形示意见附图7。

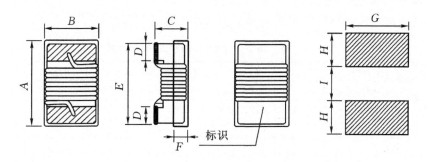

附图7　绕线贴片电感封装尺寸符号含义示意图

附表5　绕线贴片电感封装尺寸列表

封　装	A/mm	B/mm	C/mm	D/mm	E/mm	F/mm	G/mm	H/mm	I/mm
WI0402	1.1	0.6	0.65	0.25	1.00	＊	0.66	0.36	0.46
WI0603	1.8	1.12	1.02	0.33	1.52	0.51	1.02	0.64	0.64
WI0805	2.29	1.73	1.42	0.5	2.03	0.51	1.78	1.02	0.76
WI1008	2.92	2.79	2.20	0.5	2.43	0.51	2.54	1.02	1.27

注:"＊"表示不是固定值。

3）贴片功率电感封装（形状一）

贴片功率电感封装（形状一）尺寸见附表6,其外形示意见附图8。

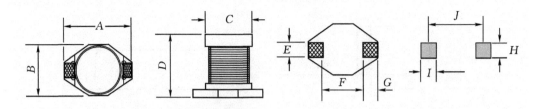

附图 8　贴片功率电感封装(形状一)尺寸符号含义示意图

附表 6　贴片功率电感封装(形状一)尺寸列表

封　　装	A/mm	B/mm	C/mm	D/mm	E/mm	F/mm	G/mm
CDR1608	6.6	4.45	2.92	3.94	1.27	4.32	1.02
CDR1813	8.89	6.1	4.7	4.8	3.0	5.0	1.18
CDR3308	12.95	9.4	3.0	8.38	2.54	7.62	2.54
CDR3316	12.95	9.4	5.21	8.38	2.54	7.62	2.54
CDR3340	12.95	9.4	11.43	8.38	2.54	7.62	2.54
CDR5022	18.54	15.24	7.11	12.7	2.54	12.7	2.54
CDR1813H	8.89	6.1	5.1	5.0	2.6	4.06	1.91
CDR3316H	13.21	9.91	5.1	6.35	3.6	4.06	1.52
CDR1608H	22.35	16.26	13	8.0	8.0	8.64	3.18

4)贴片功率电感封装(形状二)

贴片功率电感封装(形状二)尺寸见附表 7,其外形示意见附图 9。

附表 7　贴片功率电感封装(形状二)尺寸列表

封　　装	A/mm	B/mm	C/mm	D/mm	E/mm	F/mm	G/mm
CD32	3.0±0.3	3.5±0.3	2.3±0.3	1.0	3.5	1.0	1.0
CD43	4.0±0.3	4.5±0.3	3.2±0.3	1.1	4.5	1.0	1.0
CD52	5.2±0.3	5.8±0.3	2.5±0.3	1.4	5.7	1.2	1.2
CD54	5.2±0.3	5.8±0.3	4.5±0.3	1.4	5.7	1.2	1.2
CD73	7.0±0.3	7.8±0.3	3.5±0.3	1.7	7.5	1.5	1.5
CD75	7.0±0.3	7.8±0.3	5.0±0.3	1.7	7.5	1.5	1.5
CD104	9.0±0.3	10.0±0.3	4.0±0.3	2.2	9.5	2.0	2.0
CD105	9.0±0.3	10.0±0.3	5.4±0.3	2.2	9.5	2.0	2.0

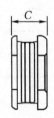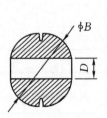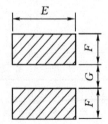

附图 9　贴片功率电感封装(形状二)尺寸符号含义示意图

5）大功率屏蔽电感

大功率屏蔽电感封装尺寸见附表 8，其外形示意见附图 10。

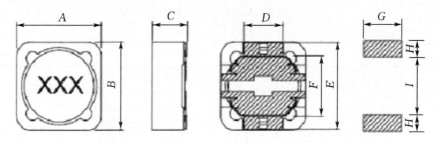

附图 10　大功率屏蔽电感封装尺寸符号含义示意图

附表 8　大功率屏蔽电感封装尺寸列表

封　装	A/mm	B/mm	C/mm	D/mm	E/mm	F/mm	G/mm	H/mm	I/mm
CDRH1204	12.3	12.3	4.6	4.9	12	7.9	5.4	2.6	7.4
CDRH1205	12.3	12.3	6.1	4.9	12	7.9	5.4	2.6	7.4
CDRH1207	12.3	12.3	8.0	4.9	12	7.9	5.4	2.6	7.4

6）D 系列屏蔽贴片电感

D 系列屏蔽贴片电感封装尺寸见附表 9，其外形示意见附图 11。

附表 9　D 系列屏蔽贴片电感封装尺寸列表

封　装	A/mm	B/mm	C/mm	D/mm	E/mm	F/mm	G/mm
2D11	3.2	3.2	1.2	2.1	1	0.7	4.5
2D14	3.2	3.2	1.55	2.1	1	0.7	4.5
2D18	3.2	3.2	2.0	2.1	1	0.7	4.5
3D11	4.0	4.0	1.2	2.8	1.4	1.2	5.2
3D14	4.0	4.0	1.5	2.8	1.4	1.2	5.2
3D16	4.0	4.0	1.8	2.8	1.4	1.2	5.2
3D28	4.0	4.0	3.0	2.8	1.4	1.2	5.2
4D14	5.0	5.0	1.5	1.5	4.5	4.5	6.2
4D18	5.0	5.0	2.0	1.5	4.5	4.5	6.9
4D22	5.0	5.0	2.4	1.5	4.5	4.5	6.9
4D28	5.0	5.0	3.0	1.5	4.5	4.5	6.9
5D18	6.0	6.0	2.0	2.0	5.5	5.5	8.2
5D28	6.0	6.0	3.0	2.0	5.5	5.5	8.2
6D26	7.0	7.0	2.8	2.0	6.5	6.5	9.5
6D28	7.0	7.0	3.0	2.0	6.5	6.5	9.5
6D38	7.0	7.0	4.0	2.0	6.5	6.5	9.5

封　装	A/mm	B/mm	C/mm	D/mm	E/mm	F/mm	G/mm
8D28	8.3	8.3	3.0	6.3	1.2	2.5	8.7
8D38	8.3	8.3	4.0	6.3	1.2	2.5	8.7
8D43	8.3	8.3	4.5	6.3	1.2	2.5	8.7

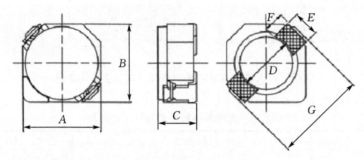

2D11/2D14/2D18/3D11/3D14/3D16/3D28

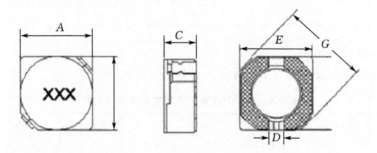

4D14/4D18/4D22/4D28/5D18/5D28/6D26/6D38

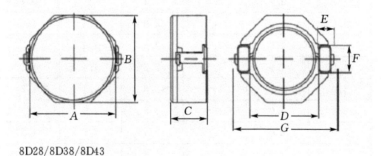

8D28/8D38/8D43

附图 11　D 系列屏蔽贴片电感封装尺寸符号含义示意图

5. 二极管

　　常用封装的形式有玻璃封装、金属封装和塑料封装几种。主要有直插式 DO 系列和贴片式 SOD 系列。DO 系列有:DO‐34、DO‐35、DO‐41、DO‐27 等;贴片二极管的 PCB 封装:SOD‐123、SOD‐323、SOD‐523、SOD‐723 等,常用封装的实物见附图 12。

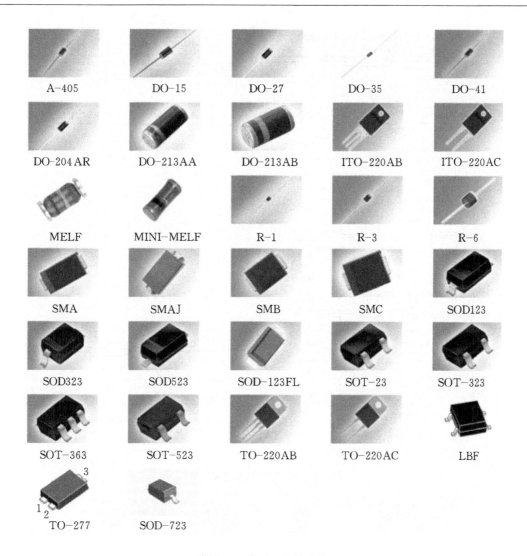

附图 12　常用二极管实物

　　一般 DO-15 是 1.5～2 A 的管子,DO-41 是 1 A 或是 1 A 以下的管子,而 DO-27 是 3 A 的管子,例如 DO-15、DO-27 等封装如附图 13 所示。

6. 三极管

　　三极管的封装主要有直插式 TO 系列和贴片式 SOT 系列。TO 系列有 TO-92、TO-126、TO-251、TO-252、TO-263、TO-220、TO-3 等;SOT 系列有 SOT-23、SOT-143、SOT-25、SOT-26、SOT-50、SOT-223 等,如附图 14 所示。

　　例如 TO-220、TO-92M、SOT-23 等封装如附图 15 所示。

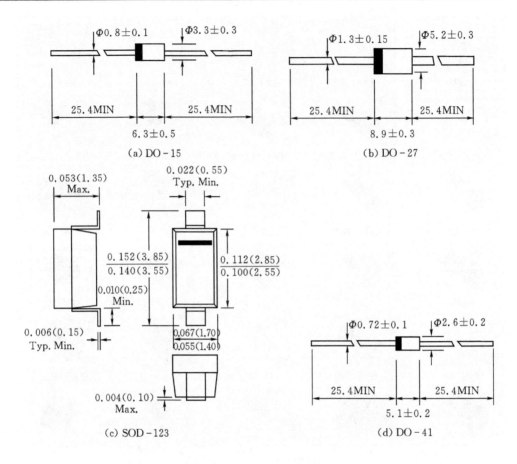

$\Phi0.8\pm0.1$ $\Phi3.3\pm0.3$

25.4MIN   25.4MIN

6.3±0.5

(a) DO-15

$\Phi1.3\pm0.15$ $\Phi5.2\pm0.3$

25.4MIN   25.4MIN

8.9±0.3

(b) DO-27

0.053(1.35) Max.

0.022(0.55) Typ. Min.

$\dfrac{0.152(3.85)}{0.140(3.55)}$ $\dfrac{0.112(2.85)}{0.100(2.55)}$

0.010(0.25) Min.

0.006(0.15) Typ. Min.

$\dfrac{0.067(1.70)}{0.055(1.40)}$

0.004(0.10) Max.

(c) SOD-123

$\Phi0.72\pm0.1$ $\Phi2.6\pm0.2$

25.4MIN   25.4MIN

5.1±0.2

(d) DO-41

附图 13   几种二极管封装尺寸

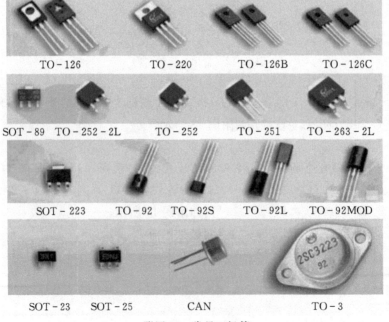

TO-126   TO-220   TO-126B   TO-126C

SOT-89 TO-252-2L   TO-252   TO-251   TO-263-2L

SOT-223   TO-92   TO-92S   TO-92L   TO-92MOD

SOT-23   SOT-25   CAN   TO-3

附图 14   常见三极管

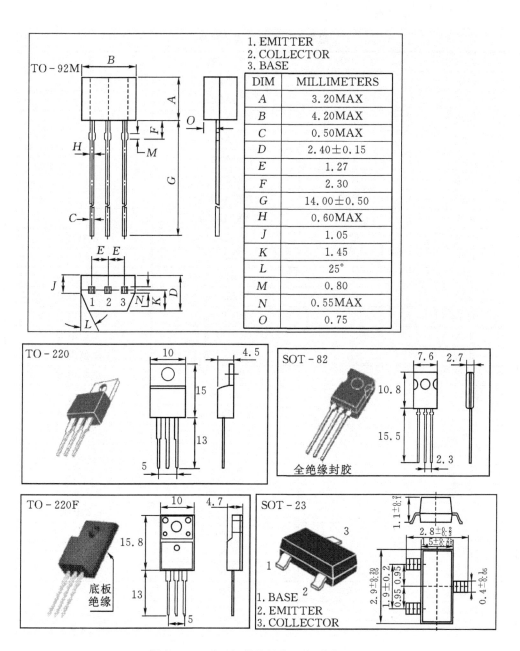

附图 15　几种三极管的封装尺寸（单位：mm）

7. Protel 99 常用元件封装一览表

常见元器件封装见附表 10。

附表 10　常见元器件封装

元　件	代　号	封　装	备　注
电阻	R	AXIAL0.3	
电阻	R	AXIAL0.4	
电阻	R	AXIAL0.5	
电阻	R	AXIAL0.6	
电阻	R	AXIAL0.7	
电阻	R	AXIAL0.8	
电阻	R	AXIAL0.9	
电阻	R	AXIAL1.0	
电容	C	RAD0.1	方型电容
电容	C	RAD0.2	方型电容
电容	C	RAD0.3	方型电容
电容	C	RAD0.4	方型电容
电容	C	RB.2/.4	电解电容
电容	C	RB.3/.6	电解电容
电容	C	RB.4/.8	电解电容
电容	C	RB.5/1.0	电解电容
保险丝	FUSE	FUSE	
二极管	D	DIODE0.4	IN4148
二极管	D	DIODE0.7	IN5408
三极管	Q	TO-126	
三极管	Q	TO-3	3DD15
三极管	Q	TO-66	3DD6
三极管	Q	TO-220	TIP42
电位器	VR	VR1	
电位器	VR	VR2	
电位器	VR	VR3	
电位器	VR	VR4	
电位器	VR	VR5	
插座	CON2	SIP2	2 脚
插座	CON3	SIP3	3 脚
插座	CON4	SIP4	4 脚
插座	CON5	SIP5	5 脚
插座	CON6	SIP6	6 脚
插座	CON16	SIP16	16 脚
插座	CON20	SIP20	20 脚
整流桥堆	D	D-37R	1A 直角封装

元　件	代　号	封　装	备　注
整流桥堆	D	D – 38	3A 四脚封装
整流桥堆	D	D – 44	3A 直线封装
整流桥堆	D	D – 46	10A 四脚封装
集成电路	U	DIP8(S)	贴片式封装
集成电路	U	DIP16(S)	贴片式封装
集成电路	U	DIP8(S)	贴片式封装
集成电路	U	DIP20(D)	贴片式封装
集成电路	U	DIP4	双列直插式
集成电路	U	DIP6	双列直插式
集成电路	U	DIP8	双列直插式
集成电路	U	DIP16	双列直插式
集成电路	U	DIP20	双列直插式
集成电路	U	ZIP – 15H	TDA7294
集成电路	U	ZIP – 11H	

8. 集成芯片封装列表

集成芯片封装见附表 11。

附表 11　集成芯片封装表

封装名称(中英文)	简　称	封装形式图片	封装名称(中英文)	简　称	封装形式图片
球栅阵列封装 Ball Grid Array	BGA		方型扁平式封装 QuadFlat Package	QFP	
微型球栅阵列封装 MicroBall Grid Array	uBGA		扁平薄片方形封装 Thin Qquad Flat Package	TQFP	
塑料焊球阵列封装 Plastic Ball Grid Array Package	PBGA		塑料四边引线封装 Plastic Qquad Flat Package	PQFP	
陶瓷焊球阵列封装 CeramicBall Grid Array Package	CBGA		薄型 QFP Low rofile Quad Flat Package	LQFP	
芯片尺寸封装 Chip Scale Package	CSP		微型薄片式封装 Thin Small Outline Package	TSOP	

封装名称(中英文)	简 称	封装形式图片	封装名称(中英文)	简 称	封装形式图片
板上芯片封装 chip On board	COB		塑料针栅阵列封装 Plastic PIN Grid Array	PGA	
板上倒装片 Flip Chip On Board	FCOB		陶瓷针栅阵列封装 Ceramic Plastic PIN Grid Array	CPGA	
瓷质基板上芯片贴装 Chip on Chip	COC		陶瓷双列直插式封装 CERamic Dual In-line Package	CERDIP	
多芯片模型贴装 Multi-Chip Module	MCM		薄型小外型塑封 Thin Small Out-Line Package	TSOP	
无引线片式载体 Leadless Chip Carrier	LCC		窄间距小外型塑封 Shrink Small Outline Package	SSOP	
陶瓷扁平封装 Ceramic FlatPackage	CFP		晶圆片级芯片规模封装 Wafer Level Chip Scale Packaging	WLCSP	
塑料 J 形线封装 Small Out-Line J-Leaded Package	SOJ		双列直插式封装 Dual In-line Package	DIP	
小外形外壳封装 Small Outline Package	SOP		单列直插式封装 SingleIn-line Package	SIP	

参考文献

[1] 张春梅，赵军亚. 电子工艺实训教程[M]. 西安：西安交通大学出版社，2013.

[2] 李钟灵. 电子元器件的检测与选用[M]. 北京：科学出版社，2009.

[3] 陈有晴. 通用集成电路应用与实例分析[M]. 北京：中国电力出版社，2007.

[4] （英）Simon Monk. 创客电子，电子制作 DIY 指南（图文版）[M]. 孙宇，译. 北京：人民邮电出版社，2014.

[5] （日）町田秀和. 电子制作基础与实战[M]. 彭军，译. 北京：科学出版社，2006.

[6] 刘祖明，张建平. 趣味电子小制作[M]. 北京：化学工业出版社，2014.

[7] 唐红莲，刘爱荣，王振成，黄双根. EDA 实践补充教材[M]. 北京：清华大学出版社，2004.

[8] 黄志伟. STM32F 32 位 ARM 微控制器应用设计与实践[M]. 北京：北京航空航天大学出版社，2012.

[9] 武奇生，白璘，惠萌，等. 基于 ARM 的单片机应用及实践：STM32 案例式教学[M]. 北京：机械工业出版社，2014.

[10] 赵广林. 电子工程师成长之路：图解常用电子元器件的识别与检测[M]. 北京：电子工业出版社，2013.

[11] 曹文，刘春梅，阎世梁，等. 硬件电路设计与电子工艺基础[M]. 北京：电子工业出版社，2016.

[12] 林善明. 模拟电子技术基础实践[M]. 北京：北京航空航天大学出版社，2016.

[13] 王霞. 电子技术实验与实训[M]. 南京：东南大学出版社，2016.

[14] 梅开乡. 电子电路设计与制作[M]. 北京：北京理工大学出版社，2010.

[15] 傅劲松. 电子制作实例集锦[M]. 福州：福建科学技术出版社，2006.

[16] 邱勇进. 电子制作技巧与实例精选[M]. 北京：化学工业出版社，2012.

[17] 张建强. 电子制作基础[M]. 西安：西安电子科技大学出版社，2016.

[18] 裘立群，殷焕顺，艾壮云，等. 建立开放实验室，培养学生的科研能力[J]. 实验科学与技术，2010，8(3)：119-120.

[19] 闫云飞，张智恩，张力，代长林. 太阳能利用技术及其应用[J]. 太阳能学报，2012，33(12)：47-56.

[20] 刘翠红，陈秉岩，王建永. 基于学生实践和创新能力培养的实验教学改革[J]. 科技创新导报，2011，1：150-151

[21] 徐伟民，何湘鄂，赵红兵，等. 太阳能电池的原理和种类[J]. 发电设备，2011，25(2)：137-140.